북해의 검치호랑이

THE SABER-TOOTHED CAT OF THE NORTH SEA

딕 몰, 빌리 판 로헴, 케이스 판 호이동크, 레미 바커르 지음 | 송지영 옮김

시그마북스
Sigma Books

북해의 검치호랑이

발행일 2010년 12월 10일 초판 1쇄 발행

지은이 딕 몰, 빌리 판 로헴, 케이스 판 호이동크, 레미 바커르

옮긴이 송지영

발행인 강학경

발행처 시그마북스

마케팅 정제용, 김효정

에디터 권경자, 김진주, 김경림

디자인 김세아

등록번호 제10-965호

주소 서울특별시 마포구 성산동 210-13 한성빌딩 5층

전자우편 sigma@spress.co.kr

홈페이지 http://www.sigmabooks.co.kr

전화 (02) 323-4845~7(영업부), (02) 323-0658~9(편집부)

팩시밀리 (02) 323-4197

인쇄 백산인쇄

가격 30,000원

ISBN 978-89-8445-422-4(03490)

28,000년 전의 북해는 오늘날과 같은
바다가 아닌, 건조하고 광활한 스텝 지대였다.
검치호랑이는 이와 같은 초원지대에서
드물게 발견되고 있다.

그림 : René Bleuanus

Contents

화석 기록은 끊임없이 새로운 사실들을 알려준다. 전혀 본 적이 없던 동물이나 식물이 과거 지구 상에 존재했었다는 것, 그리고 때로는 우리가 아는 동물이지만 더 크거나 작은 형태가 있었다는 것을 알려주기도 한다. 거대하고 놀라운 공룡이 대표적인 예가 되겠다. 또한 화석 기록은 지질학적인 이해를 넓혀서 동물이 어떻게 퍼져 나갔는지를 알 수 있도록 해주기도 한다.

그러나 화석 발견을 통해 얻을 수 있는 가장 흥미로운 사실은 화석 종에 대한 시간적인 개념일 것이다. 즉, 화석에 대한 시간적인 흐름을 파악함으로써 과거 지구 생태계에 종 간의 상호 작용이 어떠했는지 알 수 있도록 해주기 때문이다. 과거 지구 생태계에 있어서 중심 역할을 했던 종은 상당히 중요한 의미를 갖는다. 포유류의 경우에는 먹잇감과의 상호 작용에서 중심 역할을 했던 대형 포식자가 가장 중요할 것이다.

그러나 역설적으로 오늘날뿐만 아니라 과거 생태계에서도 먹이 사슬의 정점에서 중요한 역할을 하는 대형 포식자의 수는 그리 많지 않았다. 화석 포유류의 대표적인 종인 검치호랑이의 경우에도 란초 라 브레아 타르 못을 제외하고는 많은 화석이 한꺼번에 발견된 예를 찾아보기 어려우며, 대부분은 불완전한 상태의 화석 기록을 통해 전반적인 흐름을 파악하고 있을 뿐이다. 만약 어떤 종에 대한 화석 기록의 공백이 있다면 마지막으로 알려진 화석 표본과 멸종 사이에 대한 정보의 부재로 말미암아 이들의 멸종에 대한 우리의 추적은 부정확한 것이 될 수밖에 없을 것이다.

고생물학자들은 화석 기록을 통해 얻을 수 있는 불완전한 정보에 근거하여 과거를 추적해 나가면서 새로운 화석 표본의 발견을 기대하고 있는 실정이다. 북해 지역에서 발견된 호모테리움의 아래턱뼈는 이들의 멸종 시기에 대한 놀라운 정보를 가져다주었다. 화석이 발견된 지역이나 방사성동위원소를 이용한 연대 측정, 그리고 화석 표본의 상태 등은 호모테리움이 우리가 생각했던 것보다 훨씬 더 오랫동안 서유럽 지역에 살아남았었다는 것을 말해 주며, 아울러 후기 플라이스토세 무렵 이들 포식자를 중심으로 한 생태계에 대한 이해의 폭을 넓혀주었다.

북해 지역의 화석 발굴은 네덜란드의 어부와 아마추어 고생물학자들로 구성된 조사 팀에 의한 것으로, 화석 발견과 정리 과정에서 보여준 이들의 역할과 성과는 축하받아 마땅한 뛰어난 업적이다. 이 책은 후기 플라이스토세 무렵의 호모테리움을 발굴해서 살아있는 동물로 복원해내는 과정을 놀랍도록 아름답게 담아내고 있다. 이 한글 번역판은 북해 지역의 화석 발견이 갖는 중요성을 더욱 많은 독자들과 공유할 수 있도록 해줄 것이며, 아울러 영국 제도와 유럽 대륙을 이어주던 광야 지역에 대한 선사시대의 역사와 고생물학에 대한 이해의 폭을 넓혀줄 수 있을 것으로 확신한다.

알랜 터너Alan Turner
리버풀 존 무어스 대학교 척추고생물학 교수

CHAPTER 1

개요

네덜란드의 해변에서는 경험 많은 암컷 대장이 이끄는 매머드 무리가 매머드 스텝으로 불리는 춥고 건조한, 높게 자란 거친 풀과 쑥으로 덮인 초원 지대를 거닐고 있다. 새끼부터 늙은 매머드까지 여러 세대가 섞여 있는 이 매머드 무리는 뫼즈 강(프랑스 동북부에서 벨기에의 동부, 네덜란드의 남부를 거쳐 북해로 흘러드는 강)의 물을 마시려고 이동하고 있는 중이다. 한편, 멀리 떨어진 곳에서는 커다란 체구의 스텝버펄로 떼가 사자 무리의 공격을 피해 일제히 달아나고 있다. 한 떼의 하이에나 무리는 사자들의 사냥으로 남게 될 먹이를 기대하면서 높이 자란 수풀 속에 숨어서 사자들의 추격을 유심히 지켜보고 있다. 한편, 수풀 속에는 낯선 또 다른 포식자, 즉 검치호랑이가 눈앞에서 벌어지는 이 광경을 숨어서 보고 있다. 무서운 얼굴을 한 호모테리움은 입을 크게 벌려 믿기 어려울 정도로 긴, 납작하고 예리한 송곳니를 노출한다. 28,000년 전 네덜란드에서는 이와 같은 드라마가 펼쳐지고 있었던 것이다.

영국 제도는 대부분의 플라이스토세 기간에 유럽과 육지를 통해 연결되어 있었다. 검치호랑이는 당시 생태계의 최상위 포식자였으며, 이곳 매머드 스텝에는 검치호랑이와 매머드뿐만 아니라 털코뿔소, 큰뿔사슴, 그리고 다른 포식자들이 함께 서식하고 있었다.

플라이스토세 화석의 보고: 북해

영국과 유럽 대륙 사이의 북해 지역 해저에서 빙하기 시대의 동물 화석들이 대량으로 발견되고 있다는 사실은 플라이스토세 당시 이 지역이 육상 동물의 낙원이었다는 것을 말해주는 것이다. 이 지역에서 발견된 화석 대부분은 지금으로부터 10만 년에서 1만 년 전인 후기 플라이스토세의 것으로, 현재까지 매머드와 다른 초식동물들의 뼈와 어금니, 그리고 상아 화석들이 수십만 점 이상 발굴되었다. 당시 영국 제도와 네덜란드 사이는 광활한 유라시아 스텝의 서쪽 경계를 이루는 초원 지역으로서 템스 강, 라인 강, 그리고 뫼즈 강이 바다로 굽이쳐 흘러들어 가고 있었다. 이런 환경은 매머드, 털코뿔소, 바이슨, 그리고 이들을 사냥하는 포식자들에게 천혜의 서식지를 제공하였다.

북해 지역의 해저에서 인양된 화석 골격의 소장고. 최근에도 낚시 그물에 걸려 올라온 화석 표본들이 지속적으로 추가되고 있다(수집 : 클라스 포스트).

다량의 매머드 골격 화석

사진 : Hans Wildschut

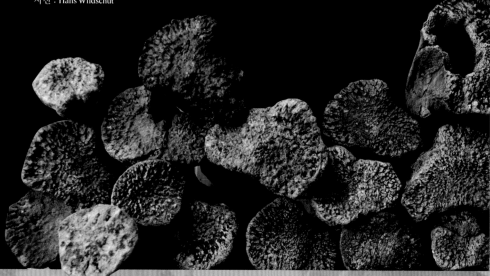

이처럼 플라이스토세 무렵의 빙하기 후반, 육지였던 북해 지역에서 많은 동물이 번성했다는 시나리오는 상당히 설득력 있어 보인다. 오늘날 북해 지역에서는 어업이 성행 중이다. 네덜란드의 어부들은 바다 바닥에 사는 서대기나 가자미 같은 납작한 어류만을 낚아 올릴 뿐 아니라 침몰한 난파선의 파편이나 제2차 세계대전 중 폭격기에서 투하된 폭탄 등 괴이한 물체들도 끌어올리고 있다. 때로는 해양 경찰의 단속을 피하고자 밀수업자들이 바다에 버린 마약이 어부들의 그물에 끌어올려지는 경우도 있다. 그러나 가장 흥미로운 사실은 오늘날과는 판이하지만 그리 오래되지 않은 과거에 오늘날의 북해 해저에 해당하는 초원 지대에 살았던 동물들의 화석이 발견되고 있다는 것이다.

사진 : René Bleuanus

금요일 아침, 고깃배들이 스텔런담 항으로
귀환하고 있다.

사진 : René Bleuanus

털코뿔소

사진 : René Bleuanus

네덜란드와 영국 사이에 페리선이 오가는 북해의 남쪽 지역은 매머드의 화석으로 유명하다. 수만 점에 이르는 매머드의 화석뿐 아니라 털코뿔소, 스텝바이슨, 그리고 포식자의 화석들이 고깃배와 트롤어선의 어부들에 의해 수집되고 있다. 따라서 금요일 아침 조업을 마치고 항구로 돌아오는 고깃배들은 화석 수집가들에게는 늘 환영의 대상이다. 상자 가득한 골격과 화석 표본들은 간단한 흥정을 거친 후 개인이나 박물관으로 새로운 주인을 찾아가게 된다.

북해에서 발견된 화석 표본들에 대한 연구는 지난 5년 동안 점진적으로 확대됐다. 연구자들은 다양한 골격, 어금니, 발굽 등의 화석을 분석하고 종을 밝혀내고자 노력한다. 화석의 종을 파악하는 것은 새로 발견된 화석을 이미 아는 화석 표본이나 문헌상의 내용과 비교함으로써 가능해진다. 이런 연구를 위해서는 북해에서 발견된 화석뿐만 아니라 유럽, 아시아, 아프리카, 북미 등 다른 지역에서 발견된 종과의 비교가 요구되기도 한다. 북해의 해저에서 찾아낸 화석들은 어부들에 의해 경도와 위도로 발견 장소에 대한 기록이 남게 되며, 화석의 연령은 방사성동위원소를 이용해 파악하게 된다. 학자들의 연구는 예술가들과 함께 과거의 동물과 생태를 복원해내는 과정으로 이어진다. 이런 복원 과정은 예상했던 것보다 훨씬 더 어렵고 복잡한 경우가 대부분이다. 오늘날에도 북해와 인접 지역에서는 새로운 종들이 지속적으로 발견되어 보고되고 있다.

고깃배의 선상에서 선장인 코머르 타니스가 북해의 해저에서 낚아올린 털코뿔소의 두개골 화석을 보여주고 있다.

사진 : René Bleuanus

매머드의 화석은 수천 년 동안 라인 강의 토사 운반으로 형성된 광활한 북해와 북해 연안의 저지대 퇴적층 속에 보존되어 있었다. 오늘날에는 문명화로 말미암은 건축 공사의 증가 탓에 강으로부터 모래나 자갈의 채취가 급증하고 있다. 따라서 준설기를 이용해 강바닥으로부터 많은 모래를 퍼올리는 일이 빈번하게 일어나고 있으며, 퍼올린 모래 속에 포함된 플라이스토세의 화석들이 기술자들에게 발견되는 경우도 드물지 않다. 특히 20세기 후반에는 준설 작업의 증가로 인해 많은 화석이 발견되어 자연사박물관이나 화석 수집가의 손에 들어가는 경우가 많았다.

이 책은 우리의 상상력을 자극하는 빙하기의 포식자 검치호랑이 혹은 검치고양이에 대한 것이다.
이들은 멸종된 고양잇과 동물로 이들의 화석 기록은 유럽에서 상당히 드물게 발견되고 있다.
최근에는 매스컴의 영향으로 이 무시무시한 포식자들이 매머드나 동굴곰만큼이나 널리 알려지게 되었다.
이들은 애니메이션 영화 아이스에이지1, 2에 주인공으로 등장하기도 하였다.
호모테리움은 검치호랑이의 일종으로, 네덜란드에서는 비교적 최근까지도 연대가 1~2백만 년 전으로 추정되는
호모테리움의 화석만이 알려져왔다. 2000년에는 영국과 네덜란드 사이의 북해 해저에서 호모테리움의
아래턱뼈 화석이 거의 완전한 상태로 발견되었는데, 이 화석 표본의 발견은 과학적으로 상당히 중요한
의미가 있다. 왜냐하면 방사성탄소연대측정 결과 이 표본은 28,000년 전의 것으로 판명되었으며,
이를 통해 호모테리움 라티덴스가 유라시아 지역에서 27만 년 이상 생존했었다는 것을
알 수 있게 되었기 때문이다.

검치호랑이인가 검치고양이류인가?

오늘날 검치호랑이라는 표현은 일상적인 대화나 인쇄 매체를 통해 가장 널리 사용되고 있다. 그러나 엄격히 이야기하자면 긴 송곳니를 가지고 있던 멸종 고양잇과 동물을 검치호랑이라 일컫는 것은 올바르다고 볼 수 없다. 오히려 검치고양이류라 부르는 것이 더 타당할 것이다. 왜냐하면, 현생 호랑이(판테라 티그리스)는 사자, 퓨마, 재규어, 설표 등의 대형 고양잇과 동물들과 함께 '판테라'라는 독립적인 속으로 분류되기 때문이다. 검치고양이류는 현생 고양잇과와는 전혀 다른, 별개의 계통으로서 '마카이로돈트' 아과로 분류된다. 이들 검치고양이류는 현생 종과는 완전히 다른 골격 특징들을 가지고 있으며, 따라서 사냥 기술이나 생활 습성 역시 차이를 보였을 것으로 짐작된다. 오래전의 문헌들에서 말하던 것과는 달리, 검치고양이류는 현생 호랑이나 다른 대형 고양잇과 동물의 직접적인 조상은 아니다. 대부분의 고생물학자는 검치고양이류와 현생 고양잇과 모두 1,500만 년 전에 등장한 슈다일루루스라는 원시적인 고양잇과 동물로부터 유래하였지만, 진화 과정을 통해 독자적인 계통들로 발전하게 된 것으로 보고 있다. 아울러 검치고양이류의 모피 문양 역시 현생 호랑이의 줄무늬 형태와는 달랐을 것으로 생각된다. 검치고양이류와 현생 대형 고양잇과 동물의 차이는 인간과 원숭이의 차이만큼이나 큰 것으로 볼 수 있다.

… 검치고양이류라는 이름은 납작하면서, 길게 휘어 있는 이들의 송곳니로부터 비롯되었다.

사진 : Hans Wildschut

CHAPTER 2

지질학적 시대 구분

과거의 지구 모습이 늘 오늘날과 같았던 것은 아니다. 지구는 대략 46억 년 전에 형성된 이후 상당히 오랫동안 생명체가 살지 않는 불모의 땅과 텅 빈 바다의 상태로 있었다. 그러나 아주 점진적으로, 비교적 단순한 형태로부터 오늘날과 같은 복잡한 형태에 이르기까지 다양한 종류의 생명체들이 등장하기 시작한다. 지질학적인 시대 구분은 이와 같은 생명체의 등장 시기와 변화 양상을 기초로 만들어진 것으로서, 누대, 대, 기, 세의 순서로 세분된다. 여기에서는 이런 구분에 따라 각 시대를 간략히 소개하였다.

	대	기	연대
현생누대	신생대	제4기	260만 년 전
		제3기	6,550만 년 전
	중생대	백악기	
		쥐라기	
		트라이아스기	2억 5,100만 년 전
	고생대	페름기	
		석탄기	
		데본기	
		실루리아기	
		오르도비스기	
		캄브리아기	5억 4,200만 년 전
선캄브리아 시대			
			45억 7,000만 년 전

지질연대표

빙하기 동안 지구 북반구의 상당 부분은 얼음으로 덮여 있었다. 옆의 지구 모습은 지금으로부터 2만 년 전 후기 플라이스토세 기간에 빙하가 최대로 확장된 상태를 나타낸 것이다.

기			빙하기 / 간빙기	연대
		홀로세		
				11,500년 전
	후기 플라이스토세		바이크젤리안	
			에미안	130,000년 전
			잘리안	
	중기 플라이스토세		홀스타이니안	
			엘스테리안	
제4기			크로메리안	850,000년 전
	플라이스토세		바벨리안	
			메나피안	
			발리안	
	초기 플라이스토세		에브로니안	
			티글리안	
			프레티글리안	
			류베리안	260만 년 전

신생대 제4기 지질 층서(유럽 기준)

2.1 선캄브리아 시대

선캄브리아 시대는 지질 시대에서 가장 앞선 시기로서 46억 년 전에서 5억 4,200만 년 전까지의 기간을 말한다. 이 기간에 지구의 표면은 서서히 냉각되어 지각을 형성하게 되며 첫 번째 대륙이 나타나게 된다. 지구의 환경은 너무도 혹독하여 생명체가 살기 어려웠지만 약 41억 년 전에는 상당히 원시적인 형태의 생명체가 나타나기 시작하며, 38억 년 전에는 하나의 세포를 가진 생명체가 등장하기에 이른다. 선캄브리아 시대의 막바지인 에디아카라기에 이르면 여러 개의 세포로 구성된 다세포의 생명체가 등장한다.

5억 4,200만 년 전으로부터 오늘날까지의 기간을 현생누대라 하며, 이는 다시 고생대, 중생대, 그리고 신생대의 세 기간으로 세분된다.

2.2 고생대

고생대는 5억 4,200만 년에서 2억 5,100만 년 전까지 지속한 기간으로서 캄브리아기로부터 시작된다. 고생대 기간에는 더욱 복잡한 형태의 생명체들이 나타나게 된다. 해파리, 삼엽충, 산호, 그리고 전갈이나 암모나이트 같은 동물이 나타나며 원시적인 형태의 척추를 가진 척삭동물, 그리고 고생대 후반으로 가게 되면 진정한 의미의 어류도 등장하게 된다. 이 무렵 육상에는 초기 형태의 식물들이 나타나 울창한 숲을 이루게 되는데, 석탄기의 식물들이 땅에 묻혀 화석화된 것이 오늘날 전 세계적으로 널리 산출되고 있는 석탄이다. 숲에는 날개의 폭이 1m에 이르는 거대한 잠자리 등 많은 곤충이 서식했으며, 양서류들은 육상으로 진출해 서식지를 넓혀 갔다. 고생대 말에는 대량 멸종이 일어나서 삼엽충이나 판피어류 등은 완전히 자취를 감추게 된다. 이 무렵 시베리아에서는 유럽의 절반 이상을 덮는, 지구 역사상 가장 큰 규모의 지각 균열과 이로 말미암은 화산 활동이 일어나게 된다. 이와 같은 대규모의 화산 활동, 혹은 소행성 충돌로 촉발된 화산 활동이 고생대 말에 있었던 대량 멸종의 원인으로 추정되고 있다.

2.3 중생대

중생대는 2억 5,100만 년에서 6,550만 년 전까지의 기간으로 공룡의 시대였다. 페름기에서 트라이아스기로 이행되는 시점에 나타난 대멸종 이후 종의 다양화가 폭발적으로 일어나게 된다. 눈에 띠는 거대한 체구를 가진 육식공룡과 초식공룡들은 육상 생태계의 주역으로 군림하며, 하늘에는 익룡의 무리가 크게 번성한다. 바다 속에서는 암모나이트가 번성하였으며 2억 2,000만 년 전에 이르면 조류와 초기 형태의 포유류가 등장하게 된다.

중생대에서 신생대로 바뀌는 시점에서 지구의 모습은 또 한번의 극적인 변화를 겪게 된다. 모든 생물 종의 반 정도가 지구상에서 사라지며, 암모나이트, 벨렘나이트, 공룡들도 모두 멸종하고 만다. 많은 지질학자들은 거대한 운석의 충돌로 중생대 말의 멸종이 유발된 것으로 추정하고 있으며, 중생대가 끝나는 시점인 후기 백악기 지층에서 발견된 이리듐이 다량 함유된 진흙층이나 멕시코 유카탄 반도에서 발견된 운석 충돌로 생긴 분화구 모양의 크레이터 등은 이런 가설을 뒷받침하는 증거로 보고 있다.

유카탄 반도에서 발견된 운석 충돌로 인한 크레이터

유카탄 반도에서 발견된 운석 충돌의 크레이터뿐만 아니라 인도의 데칸 고원에서 발견된 지각 균열로 말미암은 대규모의 화산 활동 역시 고생대 말 대멸종과 거의 동시에 일어났다. 이와 같은 운석 충돌이나 화산 활동으로 인한 대재앙은 지구의 생태계를 파괴하여 생명체가 살기 어려운 혹독한 환경으로 만들어버렸을 것이다. 그러나 이런 가설들은 대량 멸종과 관련된 모든 질문에 대한 해답이 되지는 못한다. 조류나 포유류는 살아남았는데 왜 공룡은 멸종되어 사라진 것일까? 중생대 당시의 포유류는 크기가 작았으며 땅속에 굴을 파서 숨어 지내는 습성 탓에 이런 재앙을 피해가기에 유리했을지도 모른다. 그러나 조류의 생존에 대해서는 이렇다 할 설명을 찾기 어렵다. 어쨌든 이와 같은 생명체의 대량 멸종은 중생대의 종지부를 찍는 중대한 사건이 되고 말았다.

2.4 신생대

신생대는 6,550만 년 전에서 오늘날까지 이르는 기간이다. 공룡의 멸종은 포유류의 폭발적인 종의 다양화와 번성의 길을 열어놓게 된다. 매머드, 코뿔소, 검치호랑이 같이 눈에 띄는 대형 포유류들이 등장하였으며, 사슴, 소, 말, 기린, 영양, 양, 염소 등도 나타났다. 특히 검치호랑이를 위시하여 하이에나, 개과 동물, 곰과 같은 포식자들은 빠른 속도로 발전해 나갔다.

신생대는 크게 제3기와 제4기의 두 기간으로 구분된다. 제3기는 6,550만 년 전으로부터 260만 년 전까지 지속한 신생대의 전반에 해당하는 기간이다. 제4기에 접어들면 지구의 기온이 점차 하강하게 되며, 260만 년에서 11,500만 년 전까지의 기간인 플라이스토세에 이르면 빙하기가 나타나게 된다. 플라이스토세 동안에는 기후 변화가 커서 춥고 건조한 빙하기와 따뜻하고 습한 간빙기가 몇 차례에 걸쳐서 교대로 나타나며, 간빙기 동안 스텝 지대에는 이 책 표지의 주인공 같은 포식자들과 이들의 먹이가 되는 육상 동물들이 크게 번성하게 된다. 플라이스토세로부터 현세에 이르는 홀로세 기간에는 스텝 지대의 많은 동물이 지구상에서 사라지게 된다.

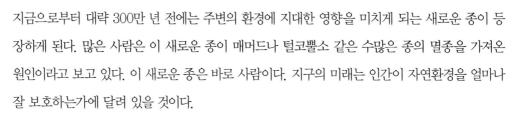

지금으로부터 대략 300만 년 전에는 주변의 환경에 지대한 영향을 미치게 되는 새로운 종이 등장하게 된다. 많은 사람은 이 새로운 종이 매머드나 털코뿔소 같은 수많은 종의 멸종을 가져온 원인이라고 보고 있다. 이 새로운 종은 바로 사람이다. 지구의 미래는 인간이 자연환경을 얼마나 잘 보호하는가에 달려 있을 것이다.

2.5 상대적 지질 연대

지구의 역사를 시계 한 바퀴, 즉 한 시간의 개념으로 이해해 보는 것은 전체적인 흐름을 파악하는 데 큰 도움이 될 수 있을 것이다. 생명체가 지구상에 처음 나타난 것은 47분에 해당한다. 50분에는 삼엽충처럼 눈으로 확인할 수 있는 크기의 생명체가 등장하고, 52분에는 오늘날의 석탄을 만들어 낸 식물들이 크게 번성하여 울창한 숲을 이루었으며 양서류들은 처음으로 육상에 진출한다. 시곗바늘이 55분을 가리키게 되면 공룡이 육상 생태계의 주역으로 번성하지만 58분이 되면 공룡은 모두 멸종하고 그 자리를 매머드 같이 긴 코를 가진 장비류, 검치호랑이 같은 포식자, 그리고 초원 지대의 풀을 뜯어 먹는 초식동물 같은 포유류들에게 넘기게 된다. 인간은 한 시간이 끝나기 몇 분 전 비로소 지구 역사의 무대에 등장하게 된다.

북해 지역의 고깃배들은 늦은 밤에도 조업으로 불을 밝힌다.
사진 : Hans Wildschut

CHAPTER 3

검치호랑이의 발견

2000년 3월 16일 네덜란드의 위르크 지방에서 떠난 트롤선 UK33은 북해에서 낚시 조업 중이었다. 승무원들은 네덜란드의 에이마위던과 영국의 이스트앵글리아, 로우스토프트 사이의 바다 한 가운데를 조업 장소로 정했다. 배의 갑판에서 그물을 끌어올리기 시작할 때 트롤선은 브라운 뱅크로 알려진 지역의 남동쪽에 있었다. 이곳의 북해 지역은 가장 깊은 곳이 50m 정도로 그리 깊은 편이 아니며, 당시의 조업은 수심 30m에서 이루어지고 있었다. 그물이 물고기가 많은 곳에 정확하게 도달했는지, 그리고 그물에는 얼마나 많은 물고기가 잡혀 있는지는 언제나 어부들의 가장 큰 관심사일 수밖에 없다. 조업 중인 브라운 뱅크 수역은 매머드와 멸종된 포유류의 화석들이 많이 발견되는 장소로 널리 알려졌다. 그러나 이 지역에서는 제2차 세계대전 당시의 폭탄들도 드물지 않게 발견되고 있기 때문에 상당한 주의를 요하는 곳이기도 하다.

헷핫

브라운
해저 융기

네덜란드와
영국 사이의 북해 해저

갑판에서는 해저에서 끌어올린 납작한 물고기들이 종류별로 정리되어 컨베이어 벨트 위에 올려지며, 같이 끌어올려진 화석 골격들은 나중에 전문가와 아마추어 고생물학자들의 감정을 받기 위해 상자에 따로 분류된다. 그리고 이 상자 안에 들어 있는 매머드, 털코뿔소, 야생말의 화석들은 로테르담자연사박물관에 소속되어 있는 위르크 출신의 화석 수집가인 클라스 포스트의 손에 넘겨지게 된다.

네덜란드와 영국 사이의 북해 지역.

사진 : Hans Wildschut

클라스 포스트는 플라이스토세 당시 빙하기 척추동물 화석의 수집을 책임지고 있다. 개인적으로 바다표범, 바다코끼리, 돌고래, 그리고 고래 같은 해양 포유류에 관심이 많았던 그는 이 날도 트롤선 UK33이 가져온 화석 표본 중에 해양 포유류가 있는지 살펴보았다. 그러나 아쉽게도 이 날의 표본 중에는 이런 종류의 화석이 없었다.

물 위로 끌어올려지는 삼각형의 코르 그물. 그물 안에는 납작한 물고기들 외에 화석 표본들이 포함되기도 한다. 오른쪽의 사진은 그물에서 건져낸 매머드의 정강이뼈다.

사진 : Hans Wildschut

클라스 포스트는 전문가적인 직감으로 포식자의 아래턱뼈에 시선을 집중하였다. 턱뼈에는 몇 개의 어금니가 박혀 있었으며, 송곳니는 빠져나갔지만 턱뼈의 앞쪽에는 이빨이 꽂혀 있던 자리가 큰 구멍으로 선명하게 남아 있었다. 어금니의 형태로 보아 이 턱뼈는 고양잇과 포식자의 것이 분명해 보였다. 그는 사자의 턱뼈로 보기에는 너무 작지만 세 개의 어금니만 있는 것으로 보아 고양잇과 종류의 포식자 것이라는 사실은 의심할 여지가 없다고 생각했다. 북해 지역에서 수집된 화석 중에 멸종된 동굴사자의 표본은 그리 드물지 않다. 따라서 동굴사자는 플라이스토세 매머드 스텝에서 성공적으로 번성하던 포식자였음이 분명해 보인다.

영국과 네덜란드 사이의 북해 지역에서 트롤선 UK33에 의해 수집된, 가장 최근까지 생존했던 호모테리움 라티덴스의 턱뼈로 연대는 28,000년 전으로 추정된다.

사진 : Hans Wildschut

털로 덮인 세렝게티

다양한 포유류로 넘쳐났던 매머드 스텝은 때로는 아프리카의 남쪽에 있는 세렝게티와 비교되기도 한다. 매머드 스텝에는 털로 덮인 매머드와 털코뿔소, 말, 당나귀, 사이가영양, 그리고 이들을 사냥하는 동굴하이에나와 동굴사자 같은 포식자들이 번성하고 있었다. 이들 포유류는 춥고 건조한 서식 환경에 잘 적응하였다. 반면 세렝게티는 열대 기후 조건하의 드넓은 사바나에 아프리카 코끼리, 코뿔소, 얼룩말, 여러 종류의 영양, 그리고 하이에나와 사자 같은 포식자들이 서식하고 있는 동물들의 낙원이다. 매머드 스텝과 세렝게티는 비슷한 생물군을 가지고 있지만, 서식 환경이 다른, 서로 다른 시대의 낙원들인 것이다.

툰드라는 매머드가 서식하기에 적합한 지역이 아니었다. 이런 대형 초식동물을 수용할 수 있을 만큼 많은 양의 목초를 제공할 수 없었기 때문이다.

양쪽으로 코르 그물을 드리운 채 북해에서 과학 탐사를 수행 중인 요하너스선(SL 27).

사진 : Francis Latreille/Cerpolex/Hans Wildschut

그러나 클라스 포스트의 수중에 있던 턱뼈 화석은 확실히 동굴사자의 것은 아니었다. 그것은 분명히 다른 포식자의 턱뼈였던 것이다. 턱뼈의 전체적인 형태는 그가 늘 봐왔던 북해 지역에서 발견된 화석들과는 확실히 달랐다. "혹시 검치호랑이가 아닐까? 아니야, 그럴 리가 없어. 검치호랑이의 화석은 거의 볼 수 없잖아." 검치호랑이의 화석은 네덜란드에서는 아주 드물게 발견되었을 뿐이다. 검치호랑이의 골격은 그 연대가 100~200만 년 정도로 아주 오래되어서 단단한 돌처럼 변해 있는 경우가 대부분이다. 단단한 물체로 화석 표본을 두드리면 쇳소리 같은 고음의 소리가 나게 된다.

클라스 포스트는 이런 종류의 화석을 비교적 잘 아는 사람이다. 그런데 이번에 발견된 턱뼈는 단단한 돌처럼 변해 있지 않았다. 턱뼈를 두드려 보면 1만~10만 년 정도 된 후기 플라이스토세의 다른 화석들처럼 조금 둔탁한 소리가 났다. 더구나 황갈색을 띠고 있어서 검정이나 암갈색을 띠는 정말 오래된 화석들과는 차이가 났다. 완전히 돌로 변하지 않은 상태의 턱뼈를 보면서 그가 내린 결론은 이 표본의 주인공은 분명히 후기 플라이스토세 무렵의 포유류라는 것이었다.

북해의 해저로부터 트롤선의 갑판으로 올라온 것은 물고기만이 아니다….

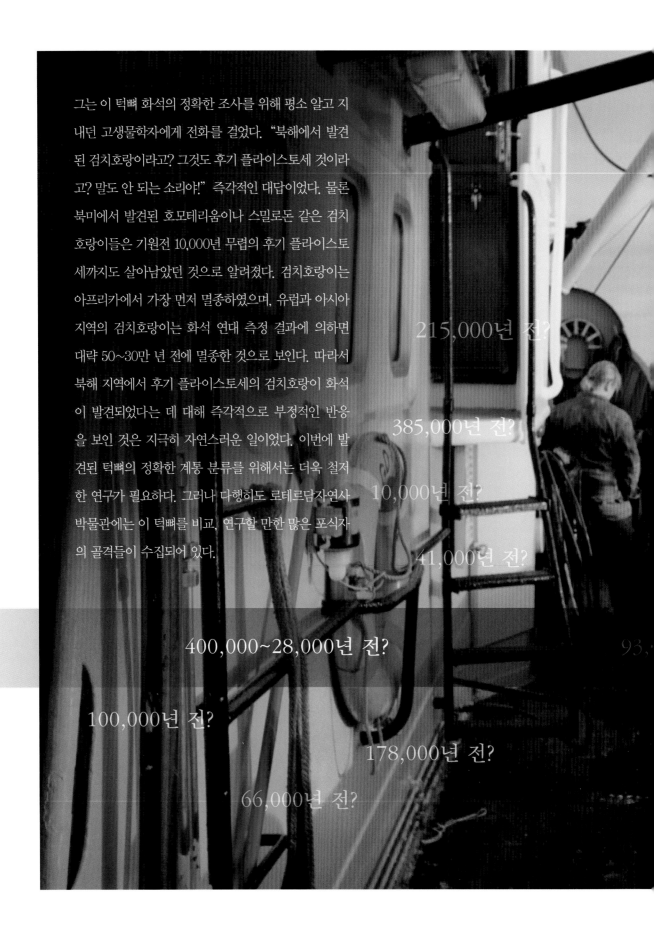

그는 이 턱뼈 화석의 정확한 조사를 위해 평소 알고 지내던 고생물학자에게 전화를 걸었다. "북해에서 발견된 검치호랑이라고? 그것도 후기 플라이스토세 것이라고? 말도 안 되는 소리야!" 즉각적인 대답이었다. 물론 북미에서 발견된 호모테리움이나 스밀로돈 같은 검치호랑이들은 기원전 10,000년 무렵의 후기 플라이스토세까지도 살아남았던 것으로 알려졌다. 검치호랑이는 아프리카에서 가장 먼저 멸종하였으며, 유럽과 아시아 지역의 검치호랑이는 화석 연대 측정 결과에 의하면 대략 50~30만 년 전에 멸종한 것으로 보인다. 따라서 북해 지역에서 후기 플라이스토세의 검치호랑이 화석이 발견되었다는 데 대해 즉각적으로 부정적인 반응을 보인 것은 지극히 자연스러운 일이었다. 이번에 발견된 턱뼈의 정확한 계통 분류를 위해서는 더욱 철저한 연구가 필요하다. 그러나 다행히도 로테르담자연사박물관에는 이 턱뼈를 비교, 연구할 만한 많은 포식자의 골격들이 수집되어 있다.

215,000년 전?

385,000년 전?

10,000년 전?

41,000년 전?

400,000~28,000년 전?

93,

100,000년 전?

178,000년 전?

66,000년 전?

그렇다면 검치호랑이인가?

북해 지역의 해저 화석 탐사를 위해 개조된 탐사선 GO33의 갑판 위에서.

사진 : Hans Wildschut

턱뼈의 분류

화석이 발견된 그 주에 로테르담자연사박물관에서는 턱뼈에 대한 심층적인 조사가 시작되었다. 아직 연구가 종결된 것은 아니지만, 이번 발견은 분명히 특별한 의미가 있다. 클라스 포스트가 로테르담에 당도한 것은 초저녁이었다. 여러 명의 연구자는 턱뼈를 유심히 관찰하였다. "이것은 사자의 턱뼈가 아닌 것이 분명해. 그렇다면 검치호랑이인가? 글쎄, 그럴 수도 있겠지." 박물관장인 젤레 뤼메르 교수가 포함된 연구 팀은 이 턱뼈를 사자나 다른 대형 고양잇과 동물의 골격과 비교해 보려고 지하 수장고로 향했다. 그러나 이 턱뼈와 비슷한 골격은 찾을 수 없었다. 뤼메르 교수는 점점 더 이 턱뼈가 검치호랑이의 것이라는 확신을 하게 되었다. 아직 연구는 계속 진행되고 있지만 연구 팀은 잠정적으로 이 표본의 주인을 호모테리움 라티덴스로 보고 있다.

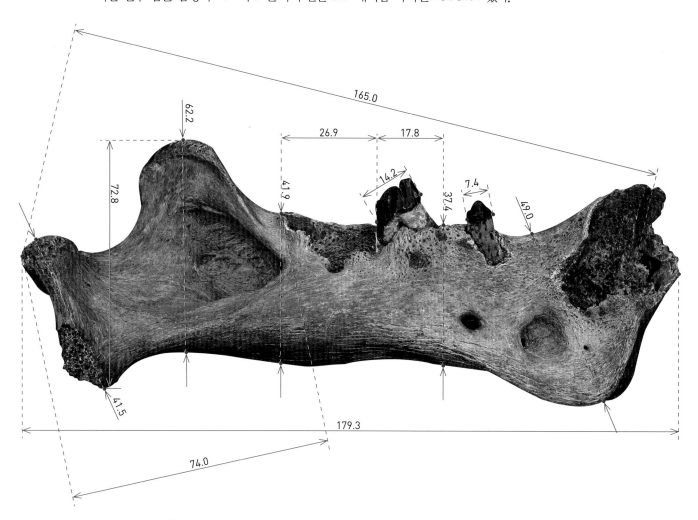

호모테리움 라티덴스의 오른쪽 아래턱뼈(바깥쪽에서 바라본 모습이며, 길이의 단위는 밀리미터). 뤼메르 교수를 포함한 연구 팀은 과학적으로 중요한 의미가 있는 이 발견에 대해 2003년 1차 논문을 발표하였다. 방사성탄소연대측정 결과 유럽에서 호모테리움 라티덴스는 이전에 생각했던 것보다 30만 년 정도 더 오랫동안 존속했던 것으로 보인다.

사진 : Hans Wildschut

4.1

호모테리움 라티덴스 Homotherium cf. H. latidens (Owen, 1846)

호모테리움은 속명이며 라티덴스는 종명이다. 그리고 학명 중간에 있는 약자 cf.는 비교한다는 의미의 'confer'를 줄인 말이다. 호모테리움은 영국의 과학자 리처드 오언Richard Owen에 의해 1846년 처음으로 동정되어 명명되었다. 따라서 이를 나타내고자 학명 뒤에, 종을 처음 발견하고 기술한 학자의 성과 해당 연도를 괄호로 묶어서 표현하고 있다.

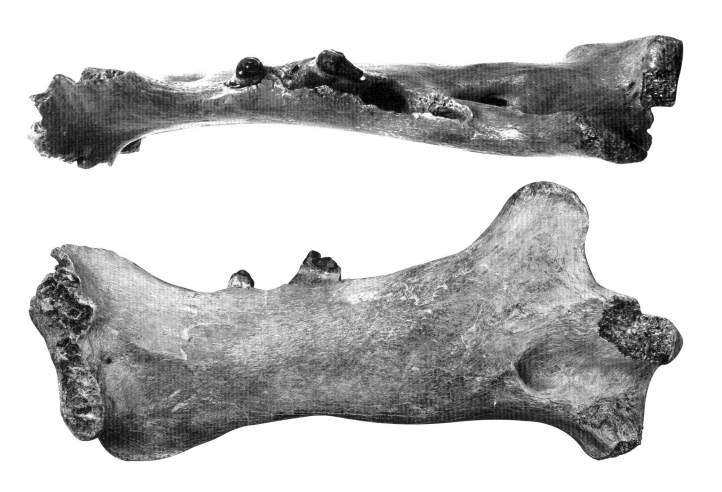

북해에서 수집된 호모테리움 라티덴스의 오른쪽 아래턱뼈(위와 안쪽에서 바라본 모습이며, 연대는 28,000년 전으로 추정됨).

사진 : Wilrie van Logchem & Hans Wildschut

북해에서 발견된 화석은 아래턱의 오른쪽 절반에 해당한다. 턱뼈에는 두 개의 작은 어금니(p3, p4)가 완전한 상태로 보존되어 있지만 앞니 세 개(i1-3)와 송곳니(c), 그리고 큰어금니(m1)는 떨어져 나간 상태다. 이빨을 나타내는 영문을 소문자로 쓴 것은 아래턱뼈의 이빨이라는 것을 표현하기 위해서다. 위쪽 이빨은 대문자를 이용해서 표현한다.

이빨이 꽂혀 있던 구멍은 아주 선명하게 나타나는데, 이는 이빨들이 해저에 있을 때는 제자리에 있었지만 트롤선 UK33의 그물에 의해 끌어올려지는 과정에서 떨어져 나갔기 때문일지도 모른다. 턱뼈의 보존 상태는 아주 양호하다. 전체적인 형태는 검치호랑이의 전형적인 모습을 하고 있다. 턱 근육이 부착되는 근육돌기(턱뼈 뒤쪽에 수직으로 돌출된 부분)는 현생 고양잇과 동물들보다 훨씬 작고 높이가 낮다. 하악익은 턱뼈의 맨 앞쪽 부분이 아래로 돌출된 것을 말하는데, 이 표본에서는 하악익의 발달 정도가 미약하다. 아래 송곳니는 크기가 작았을 것으로 추정된다. 턱관절은 낮게 위치하는데, 이는 턱을 크게 벌리기에 적합한 구조로서 검치호랑이의 전형적인 특징 중 하나이다. 검치호랑이는 턱을 벌려 위, 아래 송곳니의 끝을 최대한으로 벌린 후 먹잇감의 목을 물어 죽이는 사냥 기술을 가지고 있었을 것으로 짐작된다.

"측량은 곧 지식이다" 라는 표현은 화석 표본의 분석에는 아주 적절하게 들어맞는다. 사진은 검치호랑이의 일종인 메간테레온 휘테이의 턱뼈로 그리스 아폴로니아에서 발견된 것이다.

사진 : Dick Mol

로테르담자연사박물관의 화석 수집

2007년 북해에서 발견된 호모테리움 라티덴스의 오른쪽 아래턱뼈 화석은 위르크 출신 클라스 포스트의 기증으로 인해 로테르담자연사박물관의 새로운 소장품이 되었다. 현재 이 표본은 목록 번호 NMR 9991-01695로 박물관의 소장 목록에 올라가 있다.

로테르담자연사박물관(NMR : Natuurhistorisch Museum Rotterdam).

사진 : René Bleuanus

로테르담 뮤지움 파크 내에 있는 로테르담자연사박물관의 모습.

사진 : Hans Wildschut

늑대

하이에나

사자

검치호랑이

북해의 해저에서 수집된 플라이스토세 포식자의 턱뼈 표본들. 모든 표본은 실제 길이에 따라 같은 비율을 유지하고 있다.

사진 : Hans Wildschut

36

연구자들은 이 턱뼈가 검치호랑이 골격의 일부분이라는 강한 확신을 하고 있다. 그러나 한편 어떻게 이런 일이 가능한지 의문이 생길 수밖에 없었다. 왜냐하면 이전에는 이 지역에서 후기 플라이스토세의 검치호랑이 골격이 발견된 적이 없었기 때문에 이런 의문이 생기는 것은 무리가 아니다. 전체적인 형태로 볼 때 이 턱뼈는 검치호랑이의 전형적인 특징들을 가지고 있으며 다른 포식자의 턱뼈와는 분명히 구분된다. 전 세계적으로도 검치호랑이의 화석은 상당히 드물게 발견된다. 검치호랑이의 대부분은 먹이사슬의 최상위를 차지하는 포식자였기 때문에 이들의 화석이 초식동물들보다 훨씬 드물게 발견되는 것은 당연한 일이다. 이번에 발견된 턱뼈는 석화가 많이 진행되지 않아서 돌처럼 단단한 모습이 아니었는데 이는 이 표본의 연대가 기껏해야 125,000년을 넘지 않는, 비교적 최근의 것임을 말해주는 것이다. 유라시아의 호모테리움은 300,000년 이전에 모두 멸종하여 사라졌다는 것이 학자들의 일반적인 견해이다. 따라서 이번에 발견된 화석에 대해서는 더 많은 연구가 필요할 것으로 보인다. 이것이 이제까지 생각해왔던 것보다 훨씬 더 오래 생존했던 것으로 보이는, 북해에서 발견된 이 표본의 연구를 위해 많은 전문가로 구성된 연구 팀이 만들어지게 된 배경이다.

레미 바커르가 그린 호모테리움 라티덴스의 복원 모습.

그림 : Remie Bakker

CHAPTER 5

검치호랑이는 어떤 동물인가?

검치호랑이는 육식성의 포식자로서, 현생 대형 고양잇과 동물과 함께 고양잇과$_{Felidae}$로 분류되는 동물이다. 그리고 고양잇과는 다른 형태의 포식자들과 함께 식육목으로 분류된다. 그렇다면 검치호랑이를 고양잇과로 분류하는 이유는 무엇이며, 이들이 다른 고양잇과 동물들과 다른 점은 무엇인가? 또한 고양잇과 동물과 곰, 늑대, 족제비, 너구리, 사향고양이, 하이에나 같은 다른 식육목의 포식자들과의 차이점은 무엇인가?

5.1 고양잇과 동물과 다른 포식자들

고양잇과 동물은 다른 포식자들에 비해 얼굴 부분이 훨씬 짧으며 눈은 앞쪽에 자리 잡고 있다.
이빨에서는 또 다른 차이점을 찾아볼 수 있다. 고양잇과 동물의 어금니는 다른 포식자들에 비해
개수가 적은 대신에 살을 베기에 적합하도록 더 날카롭게 발달해 있다.

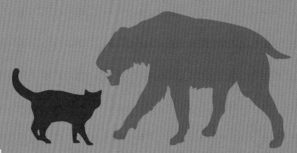

청각과 관련된 구조물들도 다른 포식자나 기타 포유류와
는 그 형태가 상당히 다르다. 마지막으로 고양잇과 동물
은 발꿈치를 들고 발가락 끝으로 걸으며, 발 안쪽으로 발
톱을 말아 넣어 숨길 수 있다는 차이점을 가지고 있다. 이
런 발가락의 구조는 이들이 매복해 있다가 짧은 거리를 빠
르게 달려서 먹잇감을 사냥할 수 있도록 해준다.

집고양이와 검치호랑이의 체구 비교.

현생 고양잇과 동물들의 골격은 종에 상관없이 거의 비슷한 형태를 하고
있다. 크기 차이를 무시하고 본다면 집에서 기르는 고양이와 사자의 골격은 형태가 거의 유사해
서 큰 차이를 찾기 어렵다.

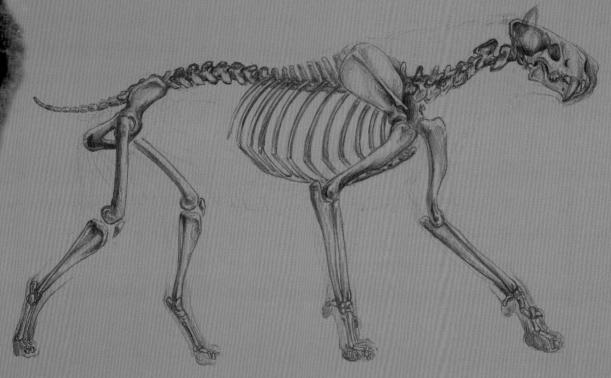

호모테리움 라티덴스의 전신 골격.

그림 : Remie Bakker

왼쪽 : 레미 바커르에 의해 실제 크기로 제작된 호모테리움 라티덴스
복원 모델의 머리 부분.

사진 : René Bleuanus

5.2 검치호랑이와 다른 고양잇과 동물들

현생 고양잇과 동물과 비교해 보면 검치호랑이의 두개골과 이빨은 확실히 다른 방향으로 적응되어 있다는 것을 알 수 있다. 특히 이빨과 턱뼈의 형태 차이가 분명하다. 검치호랑이의 가장 눈에 띄는 점은 비정상적으로 길게 자라난 송곳니다. 이들의 위쪽 송곳니는 아주 길 뿐만 아니라 납작하게 생겼으며, 때로는 이빨의 테두리가 톱날 모양을 띠기도 한다. 하지만 이들의 아래쪽 송곳니는 상대적으로 크기가 작다. 현생 고양잇과 동물의 송곳니 형태와는 완전히 다르다. 위쪽 송곳니는 훨씬 짧고 둥글며, 아래쪽 송곳니는 위쪽과 거의 같은 크기를 하고 있다.

앞니의 크기와 형태, 그리고 배열 상태에서도 차이점이 발견된다. 현생 고양잇과 동물의 앞니는 직선에 가까운 형태로 배열되지만 검치호랑이의 앞니는 앞쪽으로 가면서 튀어나와 전체적으로 아치에 가까운 형태로 배열되어 있다. 또한 검치호랑이의 앞니는 비슷한 크기의 현생 고양잇과 동물보다 더 크고 뾰족하며, 턱을 다물게 되면 위, 아래의 앞니가 서로 맞물려서 더 효과적으로 먹잇감의 살을 움켜잡을 수 있다. 그러나 현생 고양잇과 동물의 앞니는 턱을 다물어도 서로 맞물리지 않으며 이빨 끝이 서로 맞닿는 정도에 그친다.

호모테리움 라티덴스.
그림 : Remie Bakker

북미에서 발견된 검치호랑이인 제노스밀루스의
두개골 복제 모델.
사진 : Hans Wildschut

마지막으로, 검치호랑이의 턱뼈에서는 하악익이 발견된다는 것이다. 하악익은 아래턱뼈의 앞쪽 부분이 아래로 길게 발달한 것을 말하는데, 이는 턱을 다물었을 때 긴 송곳니가 부러지지 않도록 보호하는 역할을 한다. 실제로 검치호랑이의 골격에서는 먹잇감을 움켜잡고 목을 물어 숨통을 끊는 긴 송곳니의 기능에 들어맞는 여러 특징을 찾아볼 수 있다. 현생 고양잇과 동물은 최대 65도 정도까지 턱을 벌릴 수 있지만 검치호랑이의 두개골과 턱뼈는 턱을 90도 이상 벌릴 수 있도록 잘 적응되어 있다. 또한 상당히 튼튼한 앞다리, 짧은 꼬리, 그리고 강한 목 근육이 부착되도록 발달한 목뼈 등의 특징 역시 긴 송곳니를 이용한 사냥 패턴에 적합한 것으로 보인다.

호모테리움 라티덴스의 두개골

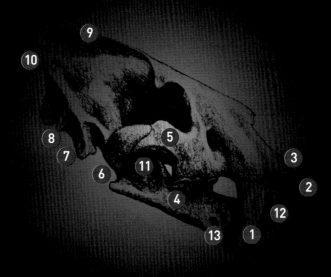

단검형 검치(중간 정도로 길면서 테두리에 거친 톱날 구조를 가지는 납작한 송곳니)를 가지고 있는 호모테리움 라티덴스의 두개골. 각 번호는 현생 고양잇과Felinae 동물에 대한 검치호랑이Machairodontinae의 두개골과 이빨의 전형적인 특징들을 나타낸다.

1. 톱날 구조를 가진 길고 납작한 송곳니

2. 아치형으로 배열된 커다란 앞니

3. 돌출된 전상악골(위턱의 앞쪽 부분)

4. 크고 날카롭게 발달한 마지막 작은 어금니와 그 앞쪽의 조그만 작은 어금니

5. 짧은 관골궁(광대뼈)과 측두와(두개골의 움푹 들어간 뒤쪽 부분)

6. 낮은 위치의 턱관절

7. 목 근육이 부착되도록 크게 발달한 돌기

8. 작아진 뒤쪽 돌기

9. 발달한 시상능선(두개골의 뒤쪽 중앙에 돌출된 부분)

10. 높게 올라간 두개골의 뒤쪽 부분

11. 많이 작아진 근육돌기(수직으로 돌출된 턱뼈의 뒤쪽 부분)

12. 상대적으로 작은 아래턱 송곳니(현생 고양잇과 동물은 상대적으로 큼)

13. 다양하게 발달한 하악익

출처 : Antón, Salesa, Morales & Turner, 2004.

CHAPTER 6

원시 포식자로부터 검치호랑이까지

포식자의 형태를 한 포유류가 처음으로 등장한 것은 지금으로부터 6,550만 년에서 5,530만 년 전인 신생대 팔레오세 무렵의 북미 지역이었던 것으로 보인다. 공룡이 멸종하고 나서 얼마 후 곤충을 잡아먹었던 키몰레스테스라는 속이 나타난 것이다. 쥐와 비슷하게 생긴 이 작은 포유류는 6,500만 년에서 5,800만 년 전에 생존했었는데, 이들의 이빨은 육치와 유사한 형태로 발달해 있었다. 육치는 예리한 날이 서 있는 납작한 육식동물의 작은 어금니를 말하는 것으로 위, 아래의 이빨이 가위처럼 맞물려 먹잇감의 살점을 베어내는 역할을 한다. 특히 키몰레스테스 마그누스는 600mm에 이르는 가장 큰 종으로서 작은 동물의 살점을 베어 먹었던 것으로 보이는데, 현재 이들을 모든 포식 포유류의 조상으로 추정하고 있다.

긴 송곳니를 가지고 있던 포유류는 검치호랑이뿐만이 아니었다. 지역에 따라, 그리고 시대에 따라 다양한 형태와 크기의 포식자들이 나타났었는데, 이들은 크게 네 가지의 독립적인 계통으로 발전하였던 것으로 보인다. 이처럼 서로 다른 계통임에도 비슷한 서식 환경으로 말미암아 상당히 유사한 형태로 발전하는 것을 수렴이라고 말한다. 이 네 그룹은 초기 포식자인 크레오돈타, 검치호랑이와 유사한 계통인 님라부스과, 유대류 검치호랑이인 틸라코스밀루스과, 그리고 검치호랑이 계통인 마카이로돈트아과를 포함한다. 유대류 검치호랑이는 마이오세 무렵 남미 대륙에 서식했던 계통으로서, 틸라코스밀루스라는 속이 가장 널리 알려졌다.

마카이로이데스 심소니. 긴 검치를 가지고 있던 초기 형태의 포식자이다. 아래턱뼈 파편의 길이는 50mm 정도다.
사진 : Mark A. Klingler/CMNH

이번 장을 통해 긴 송곳니, 즉 검치를 가지고 있던 포식자들에 대해 간단히 살펴보려고 한다. 먼저 초기 형태 포유류들의 발전을 조명하기 위해 크레오돈트목(육치목)을 언급한 후 검치호랑이와 상당히 유사하지만 다른 계통인 가짜 검치호랑이, 즉 님라부스과에 대해 소개할 것이며 이어서 진짜 검치호랑이들에 대해 언급할 것이다. 그리고 북해에서 발견된 표본에 해당하는 호모테리움 라티덴스에 대해서는 더욱 자세히 소개하려고 한다.

6.1 초기 형태의 포식자, 크레오돈타

초기 형태의 포식자인 크레오돈타는 팔레오세(6,530만 년~5,530만 년 전)와 에오세(5,530만 년~3,400만 년 전) 당시 북미, 유라시아, 그리고 아프리카 지역에서 크게 번성한 육식동물이다. 과거에는 크레오돈타를 현생 포식자들의 조상으로 생각했었지만 현재는 크레오돈트목과 식육목의 두 계통으로 분기되어 독자적으로 발전한 것으로 보고 있다. 크레오돈타는 현생 사향고양이, 개과, 그리고 고양잇과 동물들과 상당히 유사한 형태를 가졌던 서로 다른 여러 종을 포함한다. 가장 오래전에 등장했던 종은 마카이로이데스 심소니로서, 사향고양이와 유사한 외모에 상당히 긴 검치를 가지고 있었다.

마카이로두스 아파니스투스.
스페인의 바탈로네스-1 지역에서 발견된
화석을 통해 알려진 검치호랑이다.

출처 : Antón et al. 2004

43

검치호랑이의 모습을 한 가장 오래전의 포식자

1901년 윌리엄 딜러 매튜 박사는 미국 와이오밍의 에오세 지층에서 발견된 두 개의 턱뼈와 하나의 이빨 화석에 근거하여 마카이로이데스라는 속에 대해 처음으로 서술하였다. 마카이로이데스 심소나라는 학명은 멸종 포유류와 이들의 대륙 간 이동 형태에 조예가 깊었던 미국의 유명한 고생물학자 조지 게일로드 심슨 박사를 기리려는 것이었다. 심슨 박사는 20세기에 상당히 영향력 있었던 고생물학자로서, 오늘날의 진화 이론 발전에 큰 업적을 남겼다.

마카이로이데스 심소니는 크레오돈트목에 속하는 종으로서 현재까지 보고된 검치 포식자 중에 가장 먼저 등장한, 그리고 가장 작은 종으로 알려졌다. 위턱에는 긴 검치가 나있으며 날카로운 육치와 톱날 구조의 어금니를 가지고 있기 때문에 상당히 포악한 포식자였을 것으로 짐작된다. 이런 특징들은 4,000만 년이나 늦게 나타난 검치호랑이 호모테리움과도 상당히 유사한 것이다. 마카이로이데스는 주로 작은 초기 유제류(발굽을 가진 초식동물)를 잡아먹고 살았을 것으로 추정된다.

6.3 가짜 검치호랑이

님라부스, 즉 가짜 검치호랑이는 고양잇과 농물과 유사한 멸종 포유류로서 긴 송곳니를 가지고 있었다. 근육질의 날렵한 골격을 가졌지만 사지와 꼬리는 고양잇과 동물뿐만 아니라 검치호랑이보다도 짧았다. 이들은 후기 에오세 무렵 북미와 유라시아 대륙에 거의 동시에 등장한 것으로 보인다. 가장 늦은 화석 기록은 북미 지역의 약 600만 년 전 지층에서 발견된 것으로, 님라부스과의 대부분이 이 무렵에 멸종된 것으로 추정된다.

가짜 검치호랑이는 검치호랑이나 현생 고양잇과 동물과는 완전히 다른 계통임에도 상당히 유사한 형태로 발전하였다. 즉, 이들은 짧은 주둥이, 잘 발달한 육치, 작아진 마지막 어금니, 그리고 숨길 수 있는 발톱 등의 특징을 공유한다. 이처럼 다른 계통이지만 비슷한 형태로 발전하는 현상을 수렴이라 한다. 님라부스과를 고양잇과의 직접적인 조상으로 생각한 적도 있지만, 현재는 이들을 중기 에오세 무렵 초기 육식 포유류인 미아키데스로부터 분기된 것으로 보고 있다. 미아키데스는 담비와 유사한 포식자로 긴 몸통과 꼬리, 그리고 짧은 다리와 작은 뇌를 가지고 있었으며, 주로 작은 포유류나 파충류, 그리고 새 같은 작은 동물을 잡아먹고 살았을 것으로 짐작된다.

검치호랑이

4,200만 년 전 담비와 유사한 포식자인 미아키스과로부터 고양이, 곰, 개, 족제비, 하이에나 같은 현생 식육목의 첫 번째 조상이 분기되기 시작한다. 식육목의 모든 동물들은 두개골의 대뇌 부분과 관골궁이 크게 발달해 있으며, 청각융기(두개골의 아래쪽에 불룩하게 돌출되어 소리를 감지하고 전달하는 부분)가 뼈로 구성되고, 턱뼈는 위, 아래 방향으로만 움직일 수 있다는 공통적인 특징들을 가지고 있다. 진짜 검치호랑이, 혹은 마카이로돈트아과는 고양잇과 동물의 직접적인 조상에 해당하는 슈다일루루스로부터 기원한 것으로 보인다. 슈다일루루스는 2,000만 년에서 1,000만 년 전에 유럽과 북미 지역에 나타났던 원시 고양잇과 동물로서, 고양이와 비슷하게 생긴 프로아일루루스의 후손으로 추정된다. 현생 고양잇과 동물과 검치호랑이는 다른 모든 현생, 혹은 멸종 포식자들과 구별되는 청각융기와 이소골을 가지고 있다. 이들의 청각융기 내부는 뼈로 된 격막에 의해 두 개의 공간으로 나뉜다. 하지만 님라부스과나 다른 포식자의 청각융기에서는 이런 구조가 관찰되지 않는다.

6.4

6.5

위 : 그리스의 밀리아고생물학 연구센터에서 소장하고 있는 호모테리움의 위턱 송곳니. 길이는 154mm이며 이빨의 테두리에는 톱날 구조가 나타난다.

사진 : Wilrie van Logchem

아래 : 전통적인 잠비야 칼을 차고 있는 아랍인들.

검치의 유형

님라부스과를 제외한 모든 검치호랑이는 마카이로돈트아과로 분류되며, 이들의 긴 송곳니는 그 형태에 따라 단검형 검치와 군도형 검치의 두 가지로 구분된다. 단검형 검치는 길면서 넓고 납작하며 이빨의 테두리에는 거친 톱날 구조가 나타난다. 이 부류의 검치호랑이들은 유연한 몸통에 긴 다리를 가지고 있다. 군도형 검치는 폭이 좁고 상당히 길게 발달한 송곳니로서 테두리의 톱날 구조는 미약하거나 아예 없다. 군도형 검치호랑이들은 튼튼한 몸통과 상대적으로 짧은 다리를 가지고 있었다. 검치는 아라비아 단검의 일종인 잠비야와 그 형태가 유사하다. 아랍인들은 잠비야를 동물의 목을 베는 용도로 사용하는데, 검치호랑이의 송곳니도 이와 같은 목적으로 사용되었을 것으로 보인다.

단검형 검치호랑이와 군도형 검치호랑이의 화석은 같은 지역에서 발견되는 경우가 흔하다. 예를 들어서 호모테리움과 메간테레온은 같은 유라시아 지역에서 발견되었다. 이들의 사냥 방법은 서로 달랐을 것이다. 아마도 두 그룹 모두 비교적 큰 체구의 초식동물을 사냥했겠지만, 그렇다고 똑같은 종을 대상으로 하지는 않았을 것이다. 또한 사냥 시간대에도 차이를 보였을지 모른다. 날렵한 체구와 긴 다리를 가진 단검형 검치호랑이는 주로 먹잇감을 좇아가서 쓰러뜨리는 사냥 기술을 사용했을 것이며, 상대적으로 육중한 몸통과 짧은 다리를 가진 군도형 검치호랑이의 경우에는 수풀 속에 매복했다가 먹잇감을 덮쳐서 사냥하는 습성을 가지고 있었을 가능성이 크다.

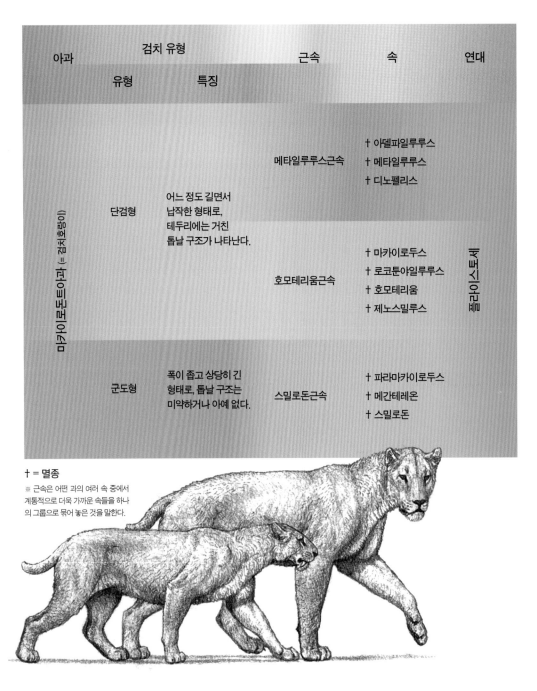

아과	검치 유형		근속	속	연대
	유형	특징			
마카이로돈트아과 (= 검치호랑이)	단검형	어느 정도 길면서 납작한 형태로, 테두리에는 거친 톱날 구조가 나타난다.	메타일루루스근속	† 아델파일루루스 † 메타일루루스 † 디노펠리스	플라이스토세
			호모테리움근속	† 마카이로두스 † 로코툰야일루루스 † 호모테리움 † 제노스밀루스	
	군도형	폭이 좁고 상당히 긴 형태로, 톱날 구조는 미약하거나 아예 없다.	스밀로돈근속	† 파라마카이로두스 † 메간테레온 † 스밀로돈	

† = 멸종

※ 근속은 어떤 과의 여러 속 중에서 계통적으로 더욱 가까운 속들을 하나의 그룹으로 묶어 놓은 것을 말한다.

군도형 검치호랑이인 메간테레온(왼쪽)과 단검형 검치호랑이인 호모테리움(오른쪽)의 크기 및 외형 비교.
두 종류의 검치호랑이 모두 같은 유라시아 지역에서 발견되었다.

출처 : Turner & Anton, 1997

6.6 마카이로돈트아과의 분류

진화의 과정을 살펴보면 어떤 종들은 번성하여 발전해 가는 반면에 다른 종들은 멸종되어 사라지기도 한다. 이와 같은 계통의 복잡한 상관관계나 종의 식별을 쉽게 알아볼 수 있도록 일목요연하게 정리해 나가는 것을 분류학 또는 계통 분류라 한다. 1997년 영국의 고생물학자 앨런 터너는 고양잇과와 유사한 형태의 모든 포식자들의 분류를 새롭게 개정하였다. 이에 따르면 마카이로돈트아과는 크게 호모테리움근속, 메타일루루스근속, 그리고 스밀로돈근속의 세 그룹으로 분류된다.

하나의 예로서 호모테리움 라티덴스의 계통 분류는 다음과 같다.

호모테리움 라티덴스의 계통 분류	라틴어	영어
동물계Kingdom Animalia	Regnum	Kingdom
척삭동물문Phylum Chordata	Phylum	Phylum
포유강Class Mammalia	Class	Class
식육목Order Carnivora	Ordo	Order
고양잇과Family Felidae	Familia	Family
+마카이로돈트아과Subfamily Machairodontinae	Sub-familia	Subfamily
+호모테리움근속Tribe Homotheriini	Tribus	Tribe
+호모테리움속Genus Homotherium	Genus	Genus
+호모테리움 라티덴스Species Homotherium latidens	Species	Species

멸종된 검치호랑이를 포함하는 마카이로돈트아과와 현생 고양잇과 동물이 속해 있는 고양이아과는 가까운 관계이기는 하지만, 분기된 후 독자적으로 발전해 온 서로 다른 계통이다. 대부분의 고생물학자는 프로아일루루스속을 모든 고양잇과 동물의 공통된 조상으로 보고 있다. 프로아일루루스는 프랑스의 초기 마이오세 지층에서 발견되었는데, 이들의 골격은 오늘날 마다가스카르에 서식하고 있는 포사(사향고양이와 비슷한 육식동물, 크립토프록타)와 상당히 유사하다. 현생 포사가 그러하듯이 프로아일루루스는 2,000만 년 전에 나무 위를 능숙하게 옮겨 다닐 수 있었을 것으로 짐작된다. 검치호랑이의 화석은 남극과 호주를 제외한 전 세계 거의 모든 지역에서 발견되고 있다.

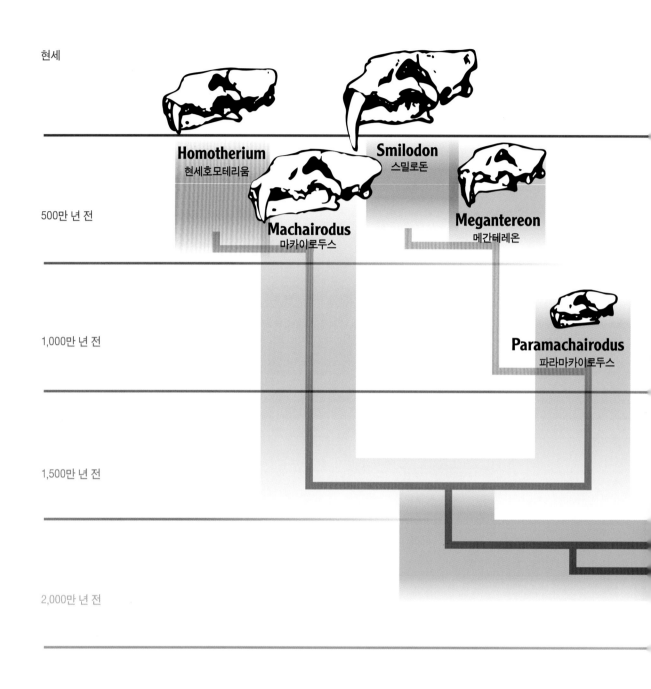

현세

500만 년 전

Homotherium
현세호모테리움

Smilodon
스밀로돈

Machairodus
마카이로두스

Meganterion
메간테레온

1,000만 년 전

Paramachairodus
파라마카이로두스

1,500만 년 전

2,000만 년 전

2,500만 년 전

3,000만 년 전

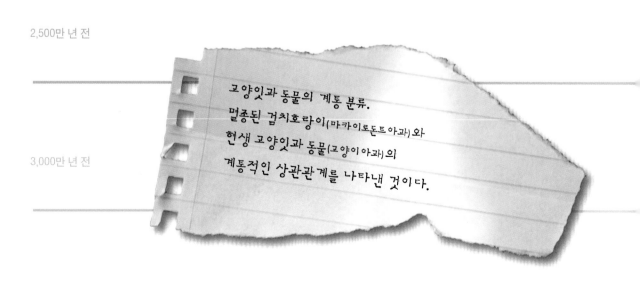

고양잇과 동물의 계통 분류.
멸종된 검치호랑이(마카이로돈트아과)와
현생 고양잇과 동물(고양이아과)의
계통적인 상관관계를 나타낸 것이다.

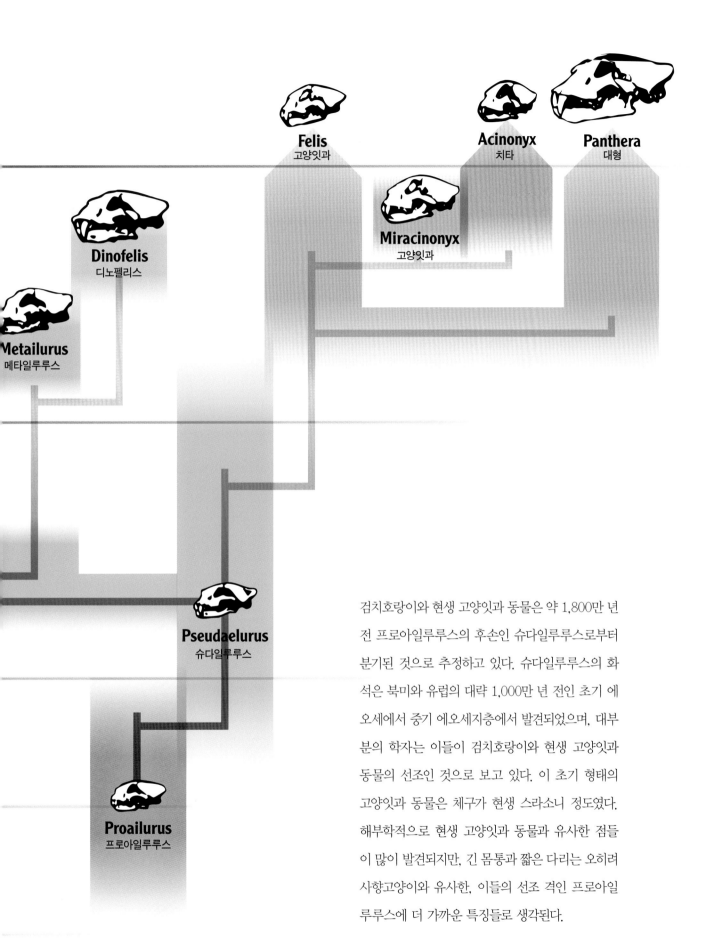

Felis
고양잇과

Acinonyx
치타

Panthera
대형

Dinofelis
디노펠리스

Miracinonyx
고양잇과

Metailurus
메타일루루스

Pseudaelurus
슈다일루루스

Proailurus
프로아일루루스

검치호랑이와 현생 고양잇과 동물은 약 1,800만 년 전 프로아일루루스의 후손인 슈다일루루스로부터 분기된 것으로 추정하고 있다. 슈다일루루스의 화석은 북미와 유럽의 대략 1,000만 년 전인 초기 에오세에서 중기 에오세지층에서 발견되었으며, 대부분의 학자는 이들이 검치호랑이와 현생 고양잇과 동물의 선조인 것으로 보고 있다. 이 초기 형태의 고양잇과 동물은 체구가 현생 스라소니 정도였다. 해부학적으로 현생 고양잇과 동물과 유사한 점들이 많이 발견되지만, 긴 몸통과 짧은 다리는 오히려 사향고양이와 유사한, 이들의 선조 격인 프로아일루루스에 더 가까운 특징들로 생각된다.

마카이로돈트아과

메타일루루스근속

메타일루루스근속의 계통 분류는 상당히 까다롭다. 왜냐하면 화석 표본들이 상당히 불완전할 뿐만 아니라 지난 10년간 속 내에서의 분류 자체가 계속 변해왔기 때문이다. 아델파일루루스, 메타일루루스, 그리고 디노펠리스속의 화석 표본 연대는 후기 마이오세에서 초기 플라이스토세까지다. 이들은 주로 유라시아 대륙에 분포했으며 크기는 현생 표범 정도인 것으로 알려졌다. 상대적으로 덜 알려진 이 그룹의 동물들은 길게 휘어 있는 납작한 송곳니를 가지고 있었다.

아델파일루루스속

아델파일루루스의 화석 발견은 오직 미국 캔자스의 마이오세 지층에서만 보고되었다. 아프리카에서도 비슷한 화석이 발견되었지만, 이 표본의 동정은 확실하지 않은 상태로 연구가 더 필요한 실정이다. 아델파일루루스의 형태나 서식지 환경은 북미 지역의 퓨마와 상당히 유사했을 것으로 생각된다. 이들은 길고 납작한 전형적인 형태의 검치를 가지고 있었지만 위턱의 두 번째 작은 어금니는 없다. 화석 기록이 부족하여 정확하게 추론하기는 어렵지만 두 번째 작은 어금니가 없다는 데 대해서는 조금 더 연구가 필요할 것이다. 왜냐하면 스라소니를 제외한 대부분의 현생 고양잇과 동물에서 두 번째 작은 어금니가 없는 경우는 그리 흔하지 않기 때문이다.

메타일루루스속

메타일루루스속은 1924년 중국에서 발견된 화석을 근거로 처음 알려졌다. 현생 퓨마와 비슷한 크기였으며 납작하고 중간 정도로 긴 송곳니를 가지고 있었다. 두개골의 길이는 200mm 정도이며 아델파일루루스와 마찬가지로 위턱의 두 번째 작은 어금니는 없다. 학자들은 이들이 억센 체구를 가지고 있지만 숲에서 살면서 땅 위에서뿐만 아니라 나무 위에서도 먹잇감을 쫓는 사냥꾼이었을 것으로 추정한다. 현재까지 9백만 년에서 6백만 년 전의 여러 화석 표본들이 유라시아 지역에서 발견되었다. 메타일루루스의 세부적인 종에 대해서는 학자들 사이에 이견이 있다.

디노펠리스속

검치호랑이 디노펠리스는 메타일루루스와 상당히 가까운 계통이다. 이 속의 화석들은 유라시아, 아프리카, 북미 등지의 약 500만 년에서 150만 년 전 플라이오세에서 초기 플라이스토세 사이의 지층에서 발견되었으며, 가장 오래전의 화석은 아프리카에서 보고되었다. 디노펠리스는 때로는 가짜 검치호랑이로 불리기도 한다. 왜냐하면 이들의 송곳니는 그리 길지 않아서 다른 검치호랑이들보다는 오히려 현생 고양잇과 동물들에 더 가까워 보이기 때문이다. 디노펠리스의 검치 길이는 대략 일반적인 검치호랑이들과 현생 고양잇과 동물의 중간 정도 된다. 체구는 남미의 재규어보다 약간 큰 정도였지만 앞다리는 더 튼튼했다. 억센 체형에 근거할 때 이들이 빨리 달릴 수 있는 포식자였다고 생각하는 것은 논리에 맞아 보이지 않는다. 디노펠리스는 수풀 속에 매복하고 있다가 먹잇감을 급습하는 사냥꾼이었을 것이다. 남아프리카에서는 이들이 영양 등의 유제류와 개코원숭이 등을 잡아먹었다는 화석 기록들이 발견되기도 하였다. 일부 학자들은 디노펠리스가 오스트랄로피테쿠스 같은 초기 원인을 그들의 식사 메뉴에 올려놓았을 것으로 보기도 한다.

남아프리카 볼트팜의 플라이오세 지층에서 발견된, 보존 상태가 가장 좋은 화석을 토대로 그려진 디노펠리스 발로위의 머리 복원도.

출처 : Turner & Antón, 2004

51

300만 년 전의 그리스 밀리아 마을

밀리아는 그리스 마케도니아 지방 그레베나에서 25분 정도 거리에 있는 작은 마을이다. 그런데 이 마을의 모래 못에서는 놀라운 화석들이 많이 발견되었다. 이곳의 모래와 자갈은 300만 년에서 250만 년 전의 플라이오세 당시 계곡을 굽이쳐 흘렀던 강물이 운반해 온 것으로, 많은 화석의 발견으로 말미암아 과거 이곳은 생물들이 크게 번성했던 서식지였음을 알 수 있었다. 이곳에서 발견된 중요한 화석으로는 호모테리움과 유럽 마스토돈인 맘뭇 보르소니를 꼽을 수 있다. 테살로니키 지방 출신의 그리스 고생물학자 에반겔리아 트수칼라는 이곳 모래 못에서 맘뭇 보르소니의 화석을 발견하였으며, 현재 이 장비류의 화석은 밀리아의 고생물학연구센터에 전시되어 있다. 이 화석은 다 큰 수놈의 것으로 상아는 직선에 가까운 형태를 띠고 있으며 길이는 4.39m에 이른다. 이는 2006년 여름까지 발견된 마스토돈의 상아 표본 중에서 가장 긴 것이다.

2006년 10월, 기존의 기록을 갈아치우는 또 한번의 화석 발견이 있었다. 한 개체에서 발견된 상아로서, 왼쪽 것은 4.58m였으며 오른쪽 것은 5.02m에 이르렀다. 그리고 이 마스토돈의 상아들과 나머지 골격들은 2007년 여름에 모두 성공적으로 발굴되었다. 두 개의 어금니를 포함하고 있는 아래턱뼈도 의미 있는 발견이었다. 턱뼈의 맨 앞쪽에는 중앙선을 따라 지름 60mm의 앞니들이 나 있었다. 연구 결과에 의하면 이 마스토돈은 28~36살 정도의 나이에 죽었던 것으로 보인다.

이 지역에서는 호모테리움과 마스토돈뿐만 아니라 가젤영양, 초기 말, 코뿔소, 그리고 다른 종류의 마스토돈 등의 화석들도 발견되었다. 따라서 우리는 자연스럽게 300만 년 전 이 계곡에서 호모테리움이 마스토돈의 어린 새끼를 사냥하는 모습을 그려볼 수 있을 것이다. 전 세계에서 발견된 상아 중 가장 긴 것으로 기네스북에 올라 있는 이 마스토돈의 새끼를 말이다.

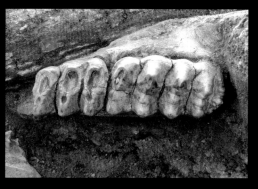

2007년 여름, 그리스 그레베나 근처에 있는 밀리아 마을 모래 못에서의 화석 발굴. 이곳에서는 호모테리움뿐만 아니라 놀라운 상태의 마스토돈 화석들이 발견되기도 하였다.

사진 : 밀리아 제5연구팀

마스토돈의 이빨 형태에 근거해 보면 이들은 나무의 잎사귀나 잔가지를 뜯어 먹고 사는 취엽성의 초식동물이었던 것으로 보인다. 따라서 이들은 숲이나 숲 근처의 환경에서 서식했을 것으로 보인다. 그렇다면 마스토돈은 이처럼 긴 상아를 가지고 어떻게 나무 사이를 돌아다닐 수 있었을까? 또한 어떻게 이처럼 긴 상아를 안정적으로 두개골에 고정할 수 있었을까? 이에 대한 해답을 얻으려면 더 많은 연구가 필요할 것이다.

그동안의 연구를 통해 우리는 마스토돈의 몸통 높이가 매머드나 현생 코끼리보다 훨씬 낮다는 것을 알고 있다. 유럽 마스토돈은 몸통이 길고 낮지만 매머드나 코끼리는 몸통이 짧고 어깨나 등이 훨씬 높다. 밀리아 지역에서 발견된 맘뭇 보르소니 수컷은 어깨까지의 높이가 3.5m로, 마스토돈의 일반적인 체형이다.

전 세계에서 가장 긴 상아! 2007년 여름 밀리아 지역에서.

사진 : 밀리아 제5연구팀

발견된 화석을 조사해 보면 상아 전체 길이의 1/3 정도는 두개골 안쪽에 박혀 있다는 것을 알 수 있다. 마스토돈은 나무와 관목이 무성한 강가나 호숫가에 살았을 것으로 보인다. 이런 서식지 환경에서 긴 상아는 오히려 거추장스러운 존재였을지도 모른다. 하지만 나름대로의 대응 방법은 있었을 것이다. 오늘날의 아프리카 코끼리가 그러하듯이 이들은 나무 같은 장애물이 없는, 늘 다니던 길을 걸어다님으로써 이런 문제를 해결할 수 있었을 것이다. 마스토돈의 긴 상아는 호모테리움 같은 포식자에 맞서는 강력한 무기로 사용되었을 것이다. 따라서 호모테리움은 무리에서 떨어진 어린 새끼나 경험이 없는 개체를 제외하고는 감히 마스토돈에 대적할 수 없었을 것이다.

마카이로돈트아과

호모테리움근속

호모테리움근속은 메타일루루스근속과 함께 단검형 검치호랑이로 분류되는 그룹으로서, 얼마 전까지도 마카이로두스와 호모테리움의 두 속만이 알려져 왔지만 최근 크세노스밀루스와 로코툰야일루루스의 두 속이 추가로 알려졌다. 이 근속은 단검형 검치, 즉 앞뒤의 절단면이 거친 톱날 구조로 되어 있는 길게 휜, 넓고 납작한 송곳니를 특징으로 한다. 마카이로돈트아과 그룹에서는 송곳니가 박힌 잇몸의 경계 부분이 두꺼워져 있는데, 호모테리움근속에서는 이런 특징이 더 두드러진다. 이 그룹의 검치호랑이들은 호주와 남극을 제외한 모든 대륙에 나타났으며 100만 년 동안 한랭대에서 온난대에 이르는 다양한 지역에서 번성하였다.

마카이로두스속

마카이로두스속은 1,500만 년 전, 중기 마이오세 무렵 유라시아 대륙에 처음 등장한 것으로 보인다. 북미 대륙에서 발견된 가장 오래전의 화석은 후기 마이오세의 것으로 알려졌으며 가장 최근의 화석은 아프리카 튀니지에서 발견된 것으로 200만 년 전의 것으로 알려졌다. 이런 화석 기록들을 종합해 보면 마카이로두스속은 대략 1,300만 년 동안 지구상에 생존했던 것으로 보이는데, 이는 마카이로두스아과에 속하는 어떤 검치호랑이보다도 긴 것이다. 이빨 절단면의 톱날 구조는 송곳니 외의 다른 이빨에서도 관찰되며, 이빨이 마모됨에 따라 점차 닳아 없어지는 경향을 보인다. 호모테리움과 비교해 보면 마카이로두스의 아래턱에는 더 많은 이빨이 나 있고 앞다리와 몸통, 그리고 꼬리가 길다. 많은 고생물학자는 마카이로두스가 호모테리움의 조상에 해당한다는 데 의견을 같이하고 있다.

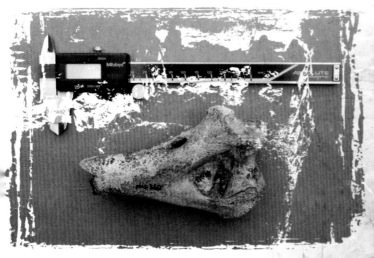

호모테리움의 상완골 파편 표본. 그리스 밀리아 지역에서 수집된 것이다.

사진 : Wilrie van Logchem

상단 오른쪽 : 마카이로두스 아파니스투스의 복원도(출처 : Antón et al. 2004).
오른쪽 : 밀리아 지역에서 발굴 중인 마스토돈 맘뭇 보르소니의 불완전한 골격 화석(사진 : 밀리아 제5연구팀).

100만 년 단축된 호모테리움의 역사

비교적 최근까지도 호모테리움속이 가장 먼저 등장한 것은 약 500만 년 전 남아프리카의 랑게반웨그 지역이었다고 생각해왔다. 이런 추론은 1974년 남아프리카의 고생물학자 헨디가 불완전한 왼쪽 위턱 송곳니와 몸통 골격의 일부를 호모테리움의 것으로 분류하고 기술한 내용에 근거한 것이었다. 이 송곳니와 골격 표본은 약 500만 년 전으로 추정되는 바르스워터 지층에서 발견되었다. 30년 후 고생물학자 워델린과 사르데라는 이 표본들을 다시 조사하기 시작했다. 그리고 이들은 남아프리카에서 발견된 표본에서는 호모테리움의 전형적인 분리형질들이 관찰되지 않은 것으로 결론 내렸다. 이 두 학자는 이 표본이 호모테리움의 것이 아니라 이들의 조상에 해당하는 마카이로두스와 가까운 계통의 것으로 보고 암피마카이로두스라는 잠정적인 학명으로 분류하였다. 아무튼 워델린과 사르데라의 연구는 남아프리카에서 발견된 표본이 호모테리움의 것이라는 해석을 부인하고, 호모테리움의 역사를 100만 년 정도 단축하는 결과를 낳게 되었다. 또한 이로 밀마암아 호모테리움 직계 조상의 후보는 우크라이나 오데사 지역의 420만 년 전 초기 플라이오세 지층에서 발견된 표본과 케냐 투르카나 분지의 435만 년에서 420만 년 전 쿠비포라 지층에서 발견된 표본의 두 가지로 압축되었다. 여기서 후보라 칭한 것은 이 표본들의 계통 역시 아직은 분명하게 결론 내리기 어려운 상태이기 때문이다. 호모테리움의 기원에 대한 보다 정확한 내용을 알기 위해서는 새로운 화석의 발견이 요구되는 실정이다.

* 분기분류학적인 관점에서 보면 각 계통은 다른 계통과 구분되는 독특한 특징들을 가지고 있다. 이처럼 한 계통을 다른 계통과 구분지으면서 세대를 통해 전달되는 특징들을 분리형질 또는 유도형질이라고 한다.

28,000년 전 네덜란드와 영국 제도 사이의 광활한 스텝 지역에서 쉬고 있는 호모테리움 라티덴스의 복원 모습.
그림 : Remie Bakker

호모테리움속

호모테리움속은 약 420만 년 전에 마카이로두스속으로부터 유래한 것으로 보인다. 호모테리움 속이 처음 등장한 지역에 대해서는 유럽과 아프리카가 경합을 벌이고 있지만 아직 명확하게 결론 내리기는 어렵다. 아시아와 북미 지역에서도 이들의 화석이 발견되고 있지만 지역에 따른 계통 관계를 더 정확하게 이해하려면 새로운 표본들의 발견을 기대해야 할 것 같다. 호모테리움의 검치에서 잇몸 밖으로 노출된 부분이나 절단 면의 톱날 구조는 이들의 선조 격 되는 마카이로두스속에 비해 발달이 다소 미약한 편이며, 송곳니가 잇몸에 박히는 경계 부분은 더 도드라져 보인다. 또한 이들의 육치 톱날 구조는 과도한 사용 탓에 사춘기 정도의 표본에서는 이미 마모되어 관찰되지 않는다. 호모테리움의 체구는 현생 사자와 비슷한 정도지만 전체적인 형태는 많이 다르다. 가장 큰 차이점이 길게 자라난 검치임은 두말할 필요가 없겠지만 이외에도 두개골의 폭이 좁으며, 엉덩이의 높이가 어깨보다 낮아서 등이 하이에나처럼 뒤쪽으로 기울어진 형태를 하고 있고, 짧은 꼬리를 가지고 있다는 등의 차이점들을 발견할 수 있다. 이런 특징들은 호모테리움이 매복했다가 먹잇감을 덮친 것이 아니라 상당히 오랜 시간 빠른 속도로 추적할 수 있는 사냥꾼이었다는 것을 암시한다. 일부 학자들은 이들이 무리지어 사냥했을 것으로 보기도 한다. 최근까지의 화석 발견에 근거할 때 호모테리움 라티덴스는 유럽 지역에서 약 300,000년 전에 사라졌으나 미국의 텍사스 지역에서 발견된 호모테리움 세룸은 약 10,000년 전까지도 생존하였던 것으로 보인다. 특히 북미 지역의 호모테리움 세룸은 매머드 새끼, 그리고 멧돼지의 일종인 페커리 등을 잡아먹었다고 알려졌다.

북해 지역에서 발견된 28,000년 전의 호모테리움 라티덴스 턱뼈 화석은 이 속이 그동안 알려져 있던 것보다 훨씬 더 오래 유럽 지역에서 생존했다는 것을 말해준다.

6.9

180만 년에서 80만 년 전의 스페인 인카르칼 지역

초기 플라이스토세(180만 년~80만 년 전) 무렵의 많은 화석이 발굴된 스페인 북부 인카르칼 지역의 칼타코 석회암 광산이 알려진 것은 1960년대의 일이다. 경제적 목적의 석회암 수요가 증가하기 시작한 1970년대 초반부터는 과학적인 조사도 급격하게 증가하였다. 이 지역에는 석회암이 물에 녹아 형성된 커다란 구멍들이 많은데, 이 구멍 안의 퇴적된 진흙층에서 많은 화석이 발견된 것이다. 때로는 지면 아래의 석회암이 녹아서 지하동굴을 형성하고, 이 동굴들이 위쪽으로부터의 무게 때문에 무너져 내리기도 한다.

위 : 호모테리움 크레나티덴스의 두개골(출처 : Ballesio, 1963).

이 지역이 주목받는 이유는 그동안 많은 양의 호모테리움 라티덴스 화석들이 발견되었기 때문이다. 세 개의 거의 완전한 상태로 보존된 두개골과 턱뼈, 다수의 이빨, 그리고 해부학적인 배열 상태가 엉클어진 몸통 골격의 파편 등 현재까지 최소 11개체 이상의 것으로 보이는 150점의 화석 표본이 발견되었다.

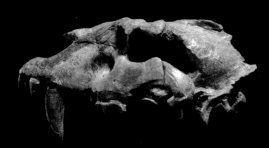
스페인 인카르칼 지역에서 발견된
호모테리움 라티덴스의 두개골 화석.

한 장소에서 호모테리움 라티덴스의 화석이 이렇게 많이 발견된 것은 상당히 드문 일이다. 이 같은 현상은 석회암 구멍이 자연적인 함정으로 작용하여 부주의한 초식동물들이 많이 빠졌고, 호모테리움 같은 포식자들이 이들을 잡아먹으려고 구멍 안으로 뛰어들었기 때문으로 생각된다. 인카르칼 지역에서는 호모테리움 라티덴스 외에 하마(히포포타무스 안티쿠스), 남방매머드(맘무투스 메리디오날리스), 에투루리아코뿔소(스테파노리누스 에트루스쿠스) 등의 화석들도 발견되었다. 단검형 검치호랑이인 호모테리움 라티덴스는 이들의 어린 새끼, 그리고 말 정도 크기의 다른 초식동물들을 사냥했을 것이다. 그리고 이들은 사냥한 먹이를 짧은 주둥이를 가진, 사자 크기의 하이에나 파키크로쿠타 브레비로스티리스로부터 지켜내야만 했을 것이다. 인카르칼 지역의 석회암 지대에서는 이런 대형동물 외에도 새, 소형 포유류, 물고기, 양서류, 파충류, 곤충, 어패류, 견과류, 과일 등 아주 다양한 화석들이 발견되었다. 이런 다양한 생물군은 초기 플라이스토세 무렵 서유럽 지역의 전형적인 모습이었다. 당시 이 지역은 호수와 강이 있는 상대적으로 온난 다습한 산림 지대로, 프랑스 오트루아르 세

1985년 스페인 인카르칼 지역의 화석 발굴 현장.

네즈 지역의 생물군과 마찬가지로 생명이 넘쳐나는 천혜의 서식지였던 것이다.

사진 : Angel Galobert, Institut de Paleontología M. Crusafont, Sabadell, Spain

제노스밀루스속

제노스밀루스는 초기 플라이스토세에 나타났던 검치호랑이로서, 현재까지 애리조나의 260만 년 전 지층과 플로리다의 100만 년 전 지층 두 곳에서 발견되었다. 애리조나 지역에서 발견된 것은 완전한 상태의 상완골 표본으로서 연대가 가장 앞선다. 1980년대 초 플로리다 지역의 하일레 석회암 광산에서는 아마추어 고생물학자들에 의해, 거의 완전한 상태로 보존된 두 개의 제노스밀루스 골격이 발견되었다. 미국의 고생물학자 래리 딘 마틴은 이 화석 표본들을 제노스밀루스 호드소나이라는 새로운 학명으로 분류하였다. 제노스밀루스에서 찾아볼 수 있는 독특한 특징은 이들의 이빨과 골격의 형태가 완전히 다른 계통인 호모테리움과 스밀로돈을 닮았다는 것이다. 제노스밀루스는 현생 사자 크기의 검치호랑이로서 톱날 구조가 발달한 길고 납작한 송곳니와 곰을 연상시키는 근육질의 짧은 다리를 가지고 있었다. 즉, 이빨의 형태는 호모테리움에 가깝지만, 짧고 억센 다리는 스밀로돈을 닮았던 것이다.

플로리다의 초기 플라이스토세 지층에서 발견된, 거의 완전한 상태로 보존된 제노스밀루스 호드소나이의 골격.

사진 : B. Archer, Robert Dietz Geology Museum, Tempe, Arizona

제노스밀루스, 군도형 검치호랑이를 닮은 단검형 검치호랑이

제노스밀루스 호드소나이는 170만 년에서 100만 년 전인 중기 홀로세 무렵 북미 지역에 나타났던 검치호랑이로서, 이들의 화석은 플로리다 알라추아 카운티의 하일레(21A) 석회암 광산에서 발견되었다. 이 새로운 속은 단검형 검치호랑이와 군도형 검치호랑이의 특징들을 모두 가지고 있는데, 이런 형태는 당시까지 전혀 알려진 바가 없었던 것이다. 연구 결과에 의하면 이들의 두개골은 스밀로돈근속보다는 호모테리움근속에 가까운 것으로 알려졌다.

제노스밀루스라는 학명은 그리스어에서 유래한 것으로, '이상하다' 는 의미의 '크세노스' 와 '칼' 을 뜻하는 '스밀로스' 가 합쳐진 말이다. 제노스밀루스는 절단면에 거친 톱날 구조가 나타나는 송곳니를 가지고 있는데, 호모테리움의 검치와 비교하면 폭은 더 넓고 길이는 짧다. 깨무는 힘은 제노스밀루스가 더 강했을 것으로 추정된다.

두개골은 폭이 좁고 긴 형태를 하고 있으며 몸통에 비해 크기가 작은 편이다. 짧고 튼튼한 다리 골격은 넓게 개방된 공간보다는 수풀이 우거진 서식지 환경에 더 잘 어울려 보인다. 몸통은 스밀로돈보다도 짧고 튼튼하지만 부분적으로는 호모테리움에 더 가까운 형태도 관찰된다. 학자들은 이들의 체형이 고양잇과 동물보다는 오히려 곰이나 판다에 더 가까웠을 것으로 보고 있는데, 이런 형태는 검치호랑이 중에서도 그 예를 찾아보기 어렵다. 제노스밀루스의 크기는 현생 사자 정도로, 체중은 250kg가량 나갔을 것으로 추정된다.

따라서 이들은 호모테리움처럼 먹잇감을 추적하는 것이 아니라 스밀로돈처럼 매복했다가 먹잇감을 덮치는 사냥 기술을 가지고 있었을 것으로 보인다. 제노스밀루스의 화석은 동굴 안에서 커다란 페커리인 플라티고누스의 많은 화석과 함께 발견되기도 하였다. 플라티고누스는 어깨 높이가 750mm가량 되는 멸종 멧돼지의 일종으로, 제노스밀루스는 플라티고누스를 사냥하여 자신의 보금자리인 동굴 안으로 끌어왔던 것으로 보인다. 아직은 발견된 화석이 많지 않아 제노스밀루스의 서식 범위나 생존 시기 등에 대해서는 정확하게 밝혀지지 않은 실정이다.

로코툰야일루루스속

최근 호모테리움근속의 또 다른 검치호랑이로 로코툰야일루루스가 알려졌다. 로코툰야일루루스는 가장 오래전에 나타났던 속의 하나로 아프리카 케냐 로토감 지역의 700만 년 전 후기 마이오세 지층에서 발견되었다. 두개골은 불완전한 파편 상태였지만 함께 발견된 다수의 이빨과 골격은 다른 개체의 것들로 보였다. 스웨덴의 고생물학자 라스 워델린은 이 화석 표본들을 로코툰야일루루스 에마게리투스라는 학명으로 2003년 학계에 발표하였다. 납작한 송곳니의 절단면에는 톱날 구조가 나타나며, 잇몸 밖으로 노출된 부분은 호모테리움에 비해 짧은 편이다. 단검형 검치호랑이인 로코툰야일루루스는 사자 크기였으며 등과 꼬리가 길어서 호모테리움과는 외형의 차이를 보인다. 몸통과 사지 골격, 아래턱뼈 등에서 호모테리움의 전형적인 특징들을 찾아보기는 어렵지만 이빨의 형태를 보면 로코툰야일루루스는 마카이로돈트아과의 어떤 검치호랑이보다도 호모테리움에 가까운 계통이었던 것으로 추정된다. 그러나 학자들은 로코툰야일루루스가 가까운 계통이었을 뿐이지 호모테리움의 직계 조상은 아니었던 것으로 보고 있다.

마카이로돈트아과

스밀로돈근속

스밀로돈근속의 이 무서운 검치호랑이들은 메타일루루스근속이나 호모테리움근속과는 완전히 다른 형태의 송곳니를 가지고 있었다. 이들의 송곳니를 군도형 검치라 부르는데, 납작한 형태를 하면서 폭이 좁고 아주 길게 자라나 있으며, 절단면의 톱날 구조는 훨씬 가늘거나 아예 없다. 스밀로돈근속의 군도형 검치호랑이에서 관찰되는 또 다른 특징은 이들이 더 억센 체형과 상대적으로 짧은 다리를 가지고 있다는 것이다. 아마도 이들은 수풀 속에 매복했다가 먹잇감을 덮치는 사냥꾼이었을 것이다. 스밀로돈근속에는 파라마카이로두스, 메간테레온, 스밀로돈 등의 속이 알려졌다.

파라마카이로두스속

파라마카이로두스의 계통 분류는 학자들 사이에 논란이 되고 있다. 그동안 이 속으로 분류되었던 많은 종은 메타일루루스근속으로 옮겨갔고 현재는 파라마카이로두스 오르기우스와 파라마카이로두스 오리엔탈리스 두 종만이 이 속에 남아 있다. 파라마카이로두스는 현생 퓨마 크기의 검치호랑이로서 약 700만 년 전 후기 마이오세 무렵에 등장하였다. 이들의 송곳니는 모든 검치호랑이 중에서 가장 짧으며, 잇몸 밖으로 노출된 길이는 아시아 지역에 서식하는 현생 운표와 거의 같다. 운표는 현생 고양잇과 동물 중 상대적으로 가장 긴 송곳니를 가지고 있다. 그동안 마카이로두스의 화석은 아시아의 몇 곳에서 드물게 발견되었을 뿐이지만 최근 스페인 마드리드, 케로 마탈로네스 지방 세피올라이트 광산의 900만 년 전 지층에서 몇 개의 완전한 골격과 20개의 두개골 화석이 발견되었다.

메간테레온속

메간테레온속의 검치호랑이 화석은 유라시아와 아프리카, 그리고 북미 등지에서 발견되었다. 이 군도형 검치호랑이는 스밀로돈속의 조상인 것으로 추정되지만, 그 기원은 다소 불명확하다. 대략 300만 년 전으로 추정되는 메간테레온의 화석들은 유럽과 아프리카에서 흔히 발견되고 있으며, 북미에서는 이보다 조금 더 늦은 시기에 나타난 것으로 보인다. 메간테레온은 길고 납작한 검치와 상대적으로 작은 아래쪽 송곳니를 가지고 있었다. 전체적인 체형은 남미 대륙의 재규어와 유사했으며, 억센 모습을 하고 있었다. 가장 늦은 시기의 화석 표본은 독일의 운터마스펠트 지역에서 발견된 것으로, 대략 120만 년에서 90만 년 전으로 추정된다.

프랑스 마시프상트랄 세네즈 지역에서 발견된 두개골 표본을 근거로 복원된 메간테레온 쿨트리덴스의 머리 모습.

출처 : Turner & Antón, 1997

프랑스 오트루아르 세네즈 마을

프랑스 마시프상트랄 지방의 오베르뉴 근처 세네즈 지역에서는 상당히 중요한 검치호랑이의 화석들이 발견되었다. 이곳은 지질시대에 오랜 화산 활동의 역사를 가진 지역으로, 리옹의 남서쪽에 있는 세네즈 마을은 화석 산지로 널리 알려졌다. 그동안 180만 년 전의 수많은 화석과 골격 표본들이 분화구 호수의 퇴적층에서 발견되었다. 이 지역에서 발견된 표본 중에 가장 눈에 띄는 것은 거의 완전한 상태로 보존된 호모테리움과 메간테레온 같은 검치호랑이의 골격들이다. 이 화석 발견은 이들 사납고 무서운 포식자들에 대한 중요한 정보들을 제공해 주었다.

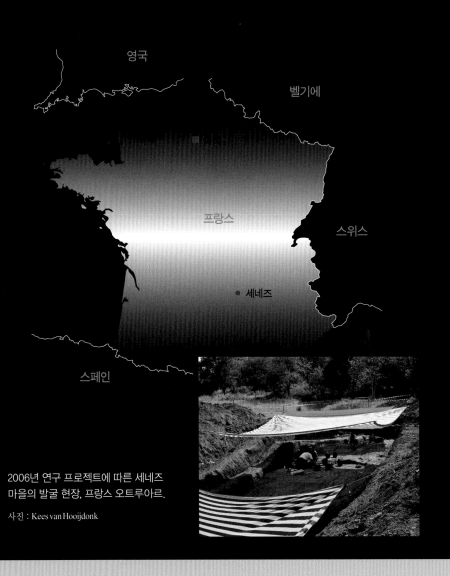

2006년 연구 프로젝트에 따른 세네즈 마을의 발굴 현장, 프랑스 오트루아르.

사진 : Kees van Hooijdonk

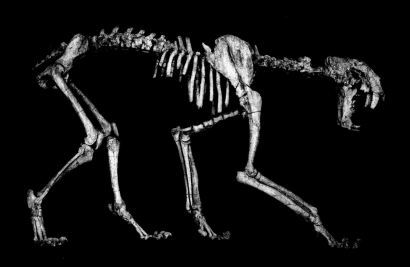

호모테리움 크레나티덴스, 클라우드 베르나르대학교, 리옹, 프랑스(출처 : Ballesio, 1963).

세네즈 지역은 아주 오래전 화산 폭발로 생긴, '마르'라 불리는 평평한 분화구 지대에 있다. 분화구는 위쪽 테두리 부분의 지름이 1km 정도이며 깊이는 284m가량 된다. 분화구 중심의 깊은 부분은 지름이 600m 정도로, 호수의 침전으로 형성된 퇴적층이 발견된다. 화산 폭발 직후 분화구는 화산재와 물, 진흙으로 채워졌으며, 이후에는 크레이터가 완전히 없어질 때까지 서서히 퇴적 활동이 일어났던 것으로 보인다.

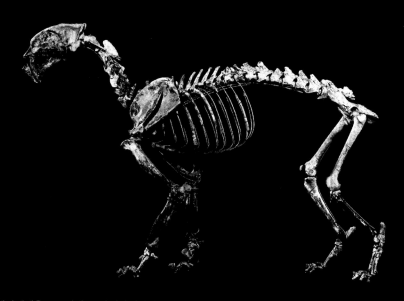

메간테레온 쿨트리덴스, 바셀자연사박물관, 스위스.

사진 : Kees van Hooijdonk

많은 화석이 발견되는 것으로 보아 호수 지역은 분명히 다양한 동물들을 끌어들이는 장소였을 것이다. 오늘날과 마찬가지로 이런 장소는 커다란 생물군을 형성하는 훌륭한 서식지였던 것이다. 호수 지역의 서식지는 온난 다습한 열대, 혹은 아열대 지대로 많은 식물과 관목이 무성한 숲을 이루었을 것이며, 주변의 사바나 같은 넓은 초원 지대에는 코끼리, 코뿔소, 영장류, 사슴, 영양, 말, 그리고 대형 고양잇과 동물 같은 포식자들이 서식하였을 것이다. 함께 발견된 오리, 황새, 물고기, 개구리, 양서류, 거북 등의 화석은 이 지역이 분명히 호숫가였다는 것을 말해준다.

세네즈 지역에서는 거의 완전한 상태로 보존된 호모테리움 라티덴스의 화석이 발견되기도 하였다. 이 화석 표본은 1925년 필리스라는 사람이 소유한 땅에서 발견되었으며, 이후 함께 발견된 많은 골격, 화석 표본들과 함께 리옹의 클라우드 베르나르대학교에 의해 수집되었다. 세네즈 지역에서 발견된 호모테리움 라티덴스의 골격은 발레시오 박사에 의해 철저하게 조사된 후, 전체적으로 날렵한 외형을 가진 비교적 큰 체구의 검치호랑이로서 긴 송곳니를 가지고 있으며 등은 하이에나처럼 기울어져 있다는 사실이 알려지게 되었다.

세네즈 지역을 유명한 화석 산지로 알려지게 한 또 다른 계기는 검치호랑이 메간테레온 쿨트리덴스의 골격 발견이었다. 현재 이 골격 표본은 스위스 바셀자연사박물관에서 소장하고 있으며, 골격의 특징에 대해서는 스위스 고생물학자 사무엘 스카움에 의해 연구되었다. 호모테리움과 메간테레온의 골격을 비교해 보면 분명한 차이점을 발견할 수 있다. 호모테리움은 사자 크기였으며 앞다리가 뒷다리보다 더 긴 형태를 띠고 있지만 메간테레온은 표범 크기의 체구를 가지고 있으면서 앞, 뒷다리의 비율은 현생 고양잇과 동물들과 크게 다르지 않다.

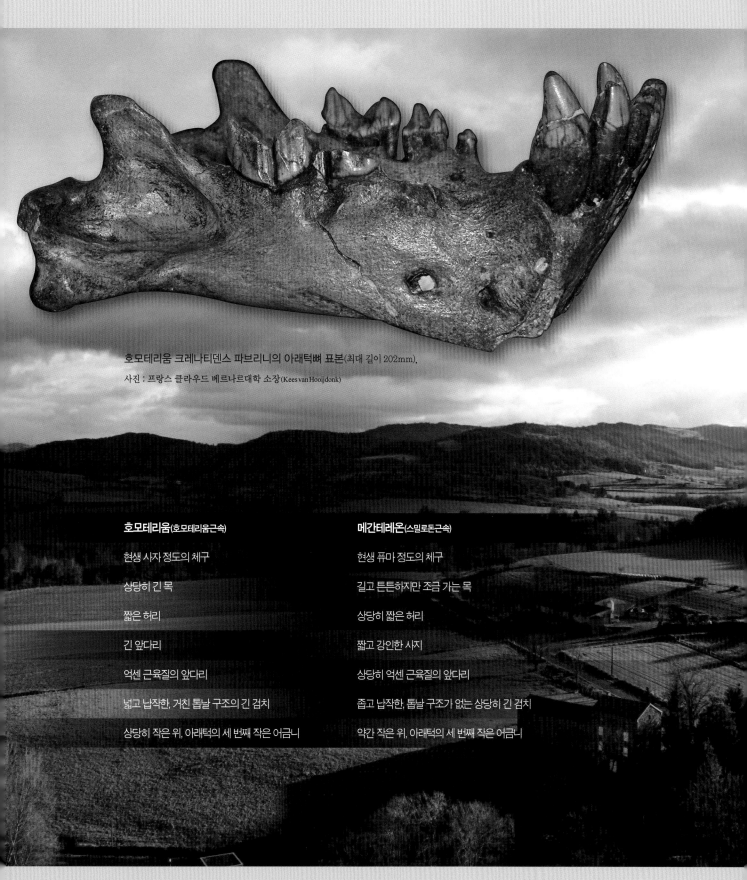

호모테리움 크레나티덴스 파브리니의 아래턱뼈 표본(최대 길이 202mm).

사진 : 프랑스 클라우드 베르나르대학 소장(Kees van Hooijdonk)

호모테리움(호모테리움근속)	메간테레온(스밀로돈근속)
현생 사자 정도의 체구	현생 퓨마 정도의 체구
상당히 긴 목	길고 튼튼하지만 조금 가는 목
짧은 허리	상당히 짧은 허리
긴 앞다리	짧고 강인한 사지
억센 근육질의 앞다리	상당히 억센 근육질의 앞다리
넓고 납작한, 거친 톱날 구조의 긴 검치	좁고 납작한, 톱날 구조가 없는 상당히 긴 검치
상당히 작은 위, 아래턱의 세 번째 작은 어금니	약간 작은 위, 아래턱의 세 번째 작은 어금니

프랑스 마시프상트랑(오베르뉴) 지방은 신생대 제4기 동안 많은 화산 폭발이 있었던 화산 지대다.

사진 : René Bleuanus

독일의 운터마스펠트 지역

독일의 튀링겐 남부, 마이닝겐 근처의 운터마스펠트 지역은 세계적으로 유명한 화석 산지다. 1979년대 이후 한스 디트리히 칼케 박사와 그의 아들 랠프 디트리히 칼케 박사가 이끄는 바이마르 출신의 고생물학자들로 구성된 연구 팀은 이곳에 대한 과학적인 탐사를 벌여왔다. 화석이 산출되는 강가의 모래 퇴적층은 우연히 발견된 것이다. 지금은 고생물학적으로 아주 중요한 의미가 있는 화석 산지가 20세기 초까지만 해도 별 의미 없는 작은 모래 못 정도로만 여겨졌다. 그동안 이 모래 퇴적층에서는 44종에 이르는, 120만 년에서 90만 년 전의 다양한 포유류 화석들이 발견되었다.

운터마스펠트 지역에서는 대형 포유류 화석 10,000점, 소형 포유류 화석 3,000점 이상의 많은 화석 표본들이 수집되었다. 주로 사슴, 멧돼지, 말, 바이슨, 설치류, 유인원 등 따뜻한 기후 조건에서 서식하는 동물들의 화석이었으며 하이에나, 오소리, 늑대, 그리고 고양잇과 동물 같은 포식자의 화석들도 드물지 않게 발견되었다. 때로는 배열 상태가 잘 유지된 코뿔소나 하마 같은 동물의 골격, 그리고 아주 드물게 매머드의 화석이 발견되는 일도 있었다. 이처럼 다양한 생물군의 화석 발견은 운터마스펠트를 아주 의미 있는 특별한 지역으로 만들었던 것이다.

운터마스펠트 지역에서는 유럽 재규어(판테라 온카 곰바조에겐시스), 유럽 퓨마(푸마 파르도이데스), 유럽 치타(아키노닉스 파르디넨시스), 멸종 스라소니(링크스 이시오도렌시스)처럼 현생 고양잇과 동물과 같은 계통이지만 이미 멸종되어 사라진 종들의 화석이 발견되었으며, 아울러 호모테리움 크레나티덴스와 메간테레온 쿨트리덴스 같은 검치호랑이의 화석들도 발굴되었다. 단검형 검치호랑이인 호모테리움의 경우에는 아래턱뼈, 육치, 척추, 그리고 몸통 골격의 일부가 발견되었으며, 이 표본들은 포식 동물의 권위자인 헬무트 헤머 박사에 의해 연구, 보고된 바 있다. 호모테리움은 운터마스펠트 초원-산림 지역의 최상위 포식자로 군림하면서 매머드, 코뿔소, 하마 등 대형 초식동물의 새끼를 잡아먹기도 했을 것이다. 일단 이들 새끼를 어미나 무리에서 떼어놓은 후 탈진해서 쓰러질 때까지 추격한 다음 긴 검치로 목을 물어 치명상을 가했을 것이다. 그러나 늘 이런 멋진 사냥 장면만을 연출했던 것은 아니며, 때로는 다른 포식자의 먹이를 빼앗거나 죽은 동물의 사체를 먹는 일도 있었을 것이다.

이처럼 한 지역 내에서 다양한 포식자들의 화석이 동시에 발견된 것은 크기나 체형, 먹잇감의 종류, 사냥 방식이나 서식 환경 등의 차이 때문에 가능했던 것으로 보인다. 체구나 체형의 특징들을 고려해 볼 때 최상위에는 호모테리움이 위치했으며, 그 아래로 메간테레온, 유럽 재규어, 유럽 치타, 유럽 퓨마, 스라소니의 순서에 따른 서열을 보였을 것으로 추정된다.

위 : 아름답게 보존된 호모테리움 크레나티덴스의 오른쪽 위턱 송곳니. 운터마스펠트 지역에서 산출된 것으로 길이는 158.2mm다.

사진 : Thomas Korn

오른쪽 : 바이마르 출신의 랄프 디트리히 칼케 박사.

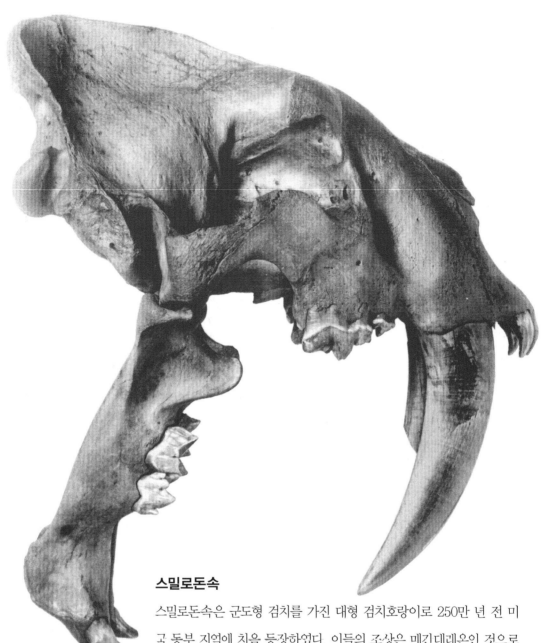

스밀로돈속

스밀로돈속은 군도형 검치를 가진 대형 검치호랑이로 250만 년 전 미국 동부 지역에 처음 등장하였다. 이들의 조상은 메긴데레온인 것으로 생각된다. 스밀로돈은 점차 서식지를 넓혀 갔으며 마침내 남미 대륙까지 진출하게 된다. 크기는 현생 사자 정도였다. 스밀로돈은 가장 널리 알려진 빙하기의 포식자인데, 이는 란초 라 브레아 지역의 타르 못에서 이들의 화석이 대량으로 출토되었기 때문이다. 현재까지 이 지역에서 발견된 스밀로돈의 화석은 165,000점이 넘는 것으로 알려졌다. 엄청나게 길고 납작한 송곳니는 길이가 280mm에 이르렀으며, 반이 넘는 170mm 정도는 잇몸 밖으로 노출되어 있었다. 스밀로돈은 가장 오랫동안 생존했던 검치호랑이기도 하다. 이들은 지금으로부터 10,000년 전 빙하기가 끝나갈 무렵까지도 생존했던 것으로 알려졌다. 빙하기 당시에는 베링해협이 육지로 연결되어 있었기 때문에 많은 동물이 이 길을 통해 이동하였다. 그러나 스밀로돈의 화석이 북, 남미 대륙 이외의 지역에서 발견된 예가 없는 것으로 보아 이들은 베링해협을 넘어 이동한 적이 없는 것으로 보인다.

스밀로돈 캘리포니쿠스(스밀로돈 파탈리스로 불리기도 함)의 두개골과 턱뼈 화석(No. 2001-2). 미국 로스앤젤레스 란초 라 브레아 타르 못에서 발견된 것이다(출처: Merriam & Stock, 1932).

란초 라 브레아 타르 못

미국 캘리포니아 주 로스앤젤레스 지역에는 아주 특별한 곳이 있다. 바로 란초 라 브레아 타르 못으로서, 이곳은 자연적으로 형성된 동물들의 함정이었다. 이 지역에서는 지각의 지질학적인 변화 때문에 시커먼 타르 기름으로 뒤덮인 곳이 많이 발견되는데, 이 타르 물질은 신생대 제3기 지층에서 유래한 것으로서 플라이스토세 지층을 뚫고 지면으로 스며 나온 것이다. 지면으로 스며 나온 타르가 한곳에 모이게 되면 깊은 웅덩이 같은 타르 못이 형성된다. 이런 지질학적인 현상은 오늘날에도 계속되고 있다.

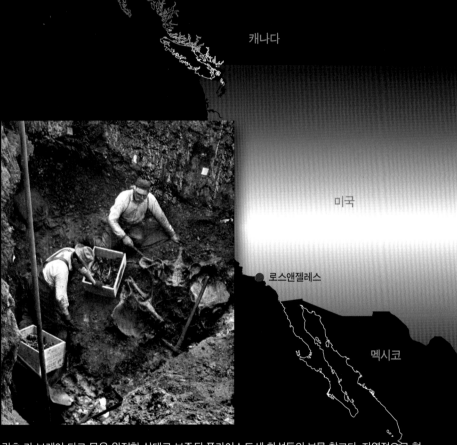

캐나다

미국

● 로스앤젤레스

멕시코

란초 라 브레아 타르 못은 완전한 상태로 보존된 플라이스토세 화석들의 보물 창고다. 자연적으로 형성된 이 덫으로 말미암아 검치호랑이, 늑대, 코요테 등 그 유례를 찾아보기 어려울 정도로 놀라운, 수많은 화석이 수집될 수 있었다. 사진에 나온 '제9 타르 못'은 이 지역의 가장 깊은 못으로서, 1914년 발굴이 시작된 이래 매머드, 마스토돈 등 수많은 화석이 이곳에서 수집되었다.

사진 제공 : George C. Page Museum

란초 라 브레아 지역의 타르 못은 물, 모래, 나뭇잎 등으로 덮여 있어서 쉽게 알아볼 수 없는 경우가 흔하다. 후기 홀로세 무렵에도 이와 다르지 않았기 때문에 타르 못은 동물들에게 있어서 돌이킬 수 없는 덫이 될 수밖에 없었다. 일단 타르 못에 빠지게 되면 다시 빠져나오기는 거의 불가능했을 것이다. 콜롬비아 매머드, 버펄로, 말, 땅늘보 등 대부분의 동물이 타르 못에 빠진 후 빠져나오지 못하고 기아나 탈진 상태로 죽었다. 늪에 빠진 동물들은 포식자나 맹금류들에게 아주 좋은 먹잇감으로 보였을 것이다. 따라서 이들을 잡아먹으러 못에 뛰어든 포식자들 역시 같은 운명에 처하게 되었으며, 먹잇감과 포식자 모두는 타르층 속의 화석으로 30,000년 동안 보존되었다.

이 지역의 타르 못은 18세기 무렵에 이미 알려졌지만, 체계적인 발굴과 고생물학적인 연구가 시작된 것은 1913~1915년경이었다. 이때부터 여러 개의 타르 못에서 발굴 작업이 진행되었으며 그 결과 최소 231종, 10,000개체 이상의 것으로 보이는 백만 점의 화석들이 발견되었다. 화석 대부분은 30,000년 전으로 추정되는 포유류와 조류의 골격이었다. 아울러 식물이나 연체동물 등의 화석들도 수없이 많이 발견되었다. 이들의 연대는 방사성탄소연대측정 결과 38,000년에서 12,000년 전으로 판명되었다.

'제91 타르 못' 에서 발굴 작업 중인 조지 페이지박물관(로스앤젤레스자연사박물관)의 연구원들. 그동안 이곳에서는 수많은 화석 표본이 발견되었다.

사진 : Dr. Christopher A. Shaw

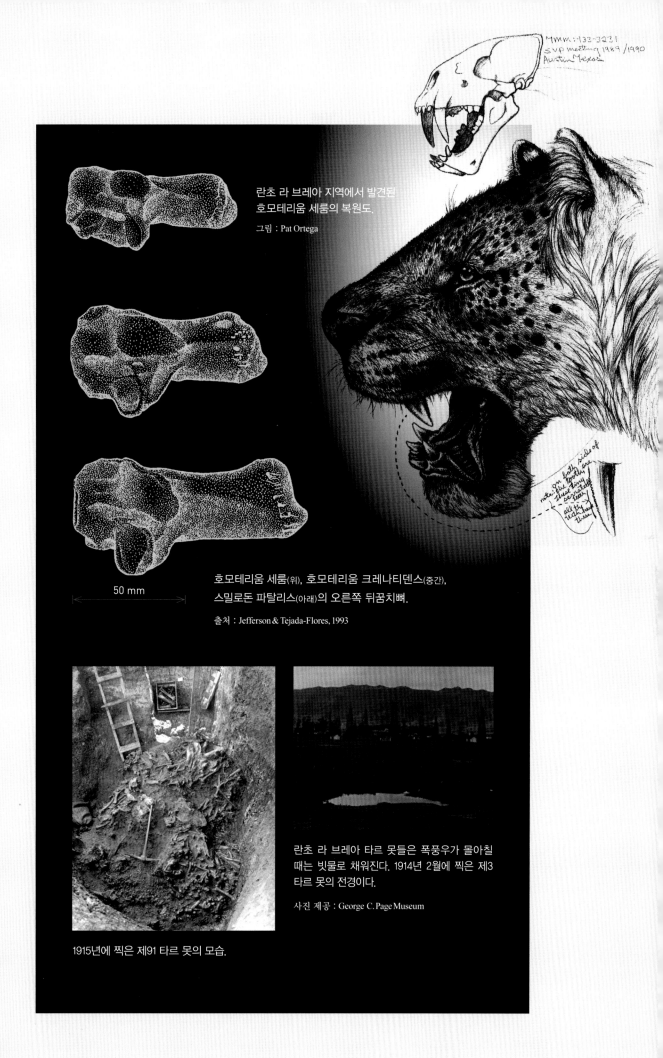

란초 라 브레아 지역에서 발견된 호모테리움 세룸의 복원도.

그림 : Pat Ortega

호모테리움 세룸(위), 호모테리움 크레나티덴스(중간), 스밀로돈 파탈리스(아래)의 오른쪽 뒤꿈치뼈.

출처 : Jefferson & Tejada-Flores, 1993

50 mm

1915년에 찍은 제91 타르 못의 모습.

란초 라 브레아 타르 못들은 폭풍우가 몰아칠 때는 빗물로 채워진다. 1914년 2월에 찍은 제3 타르 못의 전경이다.

사진 제공 : George C. Page Museum

타르 못은 때로는 초기 인류의 화석을 포함하기도 한다. 란초 라 브레아 타르 못에서 발견된 여성의 두개골은 약 9,000년 전의 것으로 밝혀졌다.

란초 라 브레아 타르 못의 화석 발견 현황에서는 조금 특이한 면을 찾아볼 수 있다. 현생 동물군이나 화석 동물군을 막론하고 포식자의 비율은 5%를 넘지 않는 것이 일반적이다. 그런데 타르 못에서 발견된 포식자의 비율은 90%에 이른다. 란초 라 브레아 타르 못에서 흔히 발견되는 포식자들은 다이어울프, 검치호랑이 스밀로돈 파탈리스, 코요테, 그리고 북미 사자(판테라 아트록스) 등이며, 호모테리움 세룸의 골격도 상당수 발견되었다. 그런데 이런 화석 발견 현황을 보면 왜 포식자의 비율이 이처럼 높은 것인지 의문이 생기지 않을 수 없다. 이런 포식자들이 상당히 능숙한 사냥꾼임은 분명하지만 그렇다고 쉽게 얻을 수 있는 먹잇감을 마다하지는 않았을 것이다. 타르 못에 빠진 동물들은 울부짖는 소리, 혹은 냄새 때문에 포식자들을 끌어들이게 되었을 것이다. 매머드, 바이슨, 대형 땅늘보 같은 초식동물뿐 아니라 늪에 빠진 포식자 자체가 다른 포식자를 끌어들이는 경우를 그려보는 것도 그리 어려운 일이 아니다. 포식자의 비율이 지나치게 높은 이유는 이런 상황에서 비롯된 것으로 보인다.

로스앤젤레스카운티자연사박물관의 지하 '두개골 수장고'.

사진 제공 : George C. Page Museum

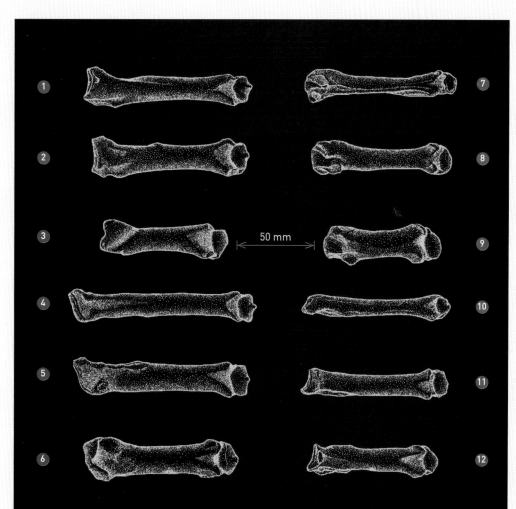

호모테리움 세룸(1, 4, 7, 10), 호모테리움 크레나티덴스(2, 5, 8, 11), 스밀로돈 파탈리스(3, 6, 9, 12)의 중수골 (앞발바닥뼈)과 중족골(뒷발바닥뼈).

출처 : Jefferson & Tejada-Flores, 1993

조지 페이지박물관은 란초 라 브레아 타르 못 지역 내에 있는 박물관으로 타르 못과 관련된 지질학, 그리고 식물군 및 동물군의 연구 목적으로 설립되었다. 이 박물관과 연계된 제91 타르 못의 발굴은 현재까지 계속 진행되고 있으며, 이곳을 찾은 일반인이나 학생들이 발굴 작업을 직접 관찰할 수 있도록 해놓았다. 이곳에서 발견된 스밀로돈 파탈리스의 화석은 165,000점이 넘으며, 이는 스밀로돈을 빙하기의 가장 유명한 동물로 부각시키고 란초 라 브레아 지역을 세계적으로 명성 있는 지질학적인 장소로 만든 계기가 되었다. 조지 페이지박물관은 캘리포니아 주 로스앤젤레스의 윌셔 가에 있으며, 수많은 관람객이 연중 내내 이곳을 찾고 있다.

CHAPTER 7

호모테리움은 어떤 포식자였을까?

호모테리움은 현생 사자 크기의 검치호랑이로 350만 년 전 후기 플라이오세 동안 유라시아, 아프리카, 북미 등 전 세계적으로 광범위한 지역에 출현하였다. 그리고 이들의 조상은 1,500만 년에서 200만 년 전에 나타났던 마카이로두스인 것으로 보고 있다.

호모테리움은 초기 플라이스토세 무렵 아프리카에서 처음 멸종되어 사라졌다. 그리고 비교적 최근까지도 유라시아에서는 300,000만 년 전인 중기 플라이스토세 무렵에 멸종된 것으로 생각해 왔다. 그러나 네덜란드 트롤선 UK33에 의해 북해에서 수집된 턱뼈를 방사성탄소연대 측정한 결과, 우리는 호모테리움이 서유럽 지역에서 최소한 28,000년 전까지도 생존했었다는 사실을 알 수 있게 되었다. 북미 지역에서는 11,500년 전인 후기 플라이스토세의 마지막 빙하기에 멸종되어 사라졌다.

대부분의 학자는 검치와 체구의 차이를 보이는 두 종의 호모테리움이 유라시아에 서식했던 것으로 보고 있다. 호모테리움 크레나티덴스는 더 크고 억센 대형 단검형 검치호랑이로 후기 플라이오세의 최상위 포식자로 군림하다가 초기 플라이스토세 무렵 멸종하였다. 호모테리움 라티덴스는 체구가 다소 작은 중대형 단검형 검치호랑이로서 초기에서 후기 플라이스토세 동안 생존했었다. 다시 말해서 호모테리움 크레나티덴스보다 나중에 등장하여 더 늦게까지 생존했던 것이다. 따라서 이들을 호모테리움 크레나티덴스의 후손이라고 볼 수도 있을 것이다. 헤머 교수는 작은 종 암컷의 체중은 170kg 정도며 큰 종 수컷의 체중은 400kg에 이르렀을 것으로 추정하였다. 그러나 터니 교수는 호모테리움의 체중은 120~250kg 정도로 현생 아프리카 사자와 비슷한 수준이었다는 다른 견해를 내놓았다. 호모테리움에서는 단검형의 검치 외에도 독특한 체형적인 특징들을 찾아볼 수 있다. 앞다리는 상당히 길지만 뒷다리는 짧고 억세며, 발톱들이 작은 대신에 며느리발톱(퇴화하여 발목 가까이에 작은 형태로 붙어 있는 엄지발톱)은 상대적으로 크고, 꼬리는 짧았다. 호모테리움의 등은 뒤쪽으로 가면서 기울어져 하이에나와 유사한 형태를 하고 있었다. 아마도 이들의 움직이는 동작 역시 하이에나와 비슷했을 것이다. 송곳니는 길고 납작한 형태를 하고 있으며 절단면에는 거친 톱날 구조가 나타난다. 앞니는 상대적으로 크고 튼튼해서 먹잇감의 살점을 뜯어내기에 적합해 보인다. 호모테리움의 이빨에서 관찰되는 톱날 구조는 젊은 개체에서도 닳아 없어진 경우가 많은데, 이는 이빨의 빈번하고 격한 사용 때문으로 짐작된다.

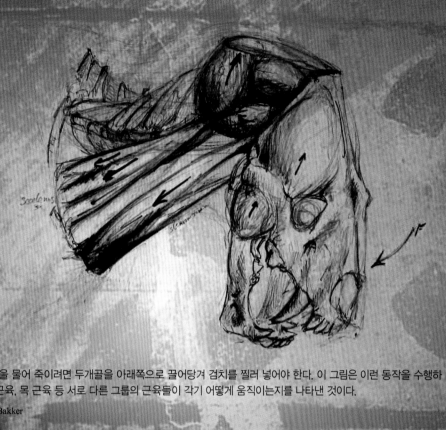

먹잇감의 목을 물어 죽이려면 두개골을 아래쪽으로 끌어당겨 검치를 찔러 넣어야 한다. 이 그림은 이런 동작을 수행하기 위해 턱 근육, 목 근육 등 서로 다른 그룹의 근육들이 각기 어떻게 움직이는지를 나타낸 것이다.

그림 : Remie Bakker

호모테리움 라티덴스가 강한 앞발로
유제류를 제압한 후 검치를 이용해 먹잇감의
목에 필살의 일격을 가한다.

그동안 검치호랑이의 긴 송곳니가 어떻게 기능 했는지에 대한 많은 연구 논문들이 발표됐다. 어떤 학자들은 검치가 나무에 기어오르려고 갈고리 같은 목적으로 사용되었다가 글립토돈의 등딱지를 열기 위한 것이라고 주장하기도 했다. 글립토돈은 현생 아르마딜로와 유사한 형태의 멸종 포유류로 이들의 머리, 등, 그리고 꼬리는 갑옷처럼 단단한 등딱지로 덮여 있었다. 턱을 다문 상태에서 먹잇감의 살 속에 긴 검치를 박아 넣었을 것으로 보는 학자들도 있었다. 검치호랑이의 송곳니는 아주 길어서 턱을 다물어도 턱뼈 아래로 튀어나오게 되며, 검치는 이런 상태로 먹잇감의 살 속에 찔러넣는 살생 무기였다는 것이다. 호모테리움을 단순히 청소동물이었다고 보는 학자들도 있다. 이들의 긴 검치는 적극적인 사냥을 위한 도구가 아니며, 암컷이나 경쟁 수컷에게 위협적으로 보이기 위한 목적으로 사용되었다고 해석한 것이다.

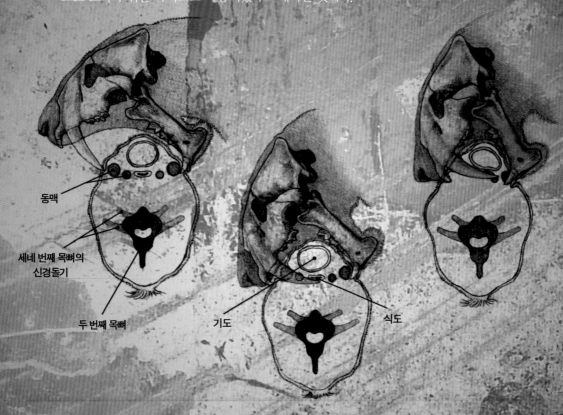

호모테리움의 송곳니는 길게 발달하여 있으며 두개골은 검치호랑이의 전형적인 형태를 하고 있다. 목은 상대적으로 긴 편이며 목 근육이 매우 강하게 발달하여서 먹잇감을 죽이는 데 중요한 역할을 한다. 허리는 상대적으로 짧고 유연성이 떨어지기 때문에 순간적인 가속이나 빠른 속도로 단거리를 주행하기에는 적합하지 않다. 짧은 뒷다리는 이들의 도약 능력이 크지 않았다는 것을 시사한다. 반면에 긴 앞다리는 에너지를 적게 소모하면서 일정한 속도로 장거리를 주행하기에 적합해 보인다. 호모테리움은 이런 골격 특징들로 말미암아 먹잇감을 좇아 장거리를 주행할 수 있었을 것으로 생각된다.

메간테레온의 두개골과 말 목의 단면 도해. 검치를 이용해서 생명에 직결되는 동맥과 기도를 절단하면 과다 출혈과 질식을 일으키게 되며, 결과적으로 쇼크에 빠져 죽음에 이르게 된다.

출처 : Turner & Antón, 1997

호모테리움은 도망치는 먹잇감을 큰 며느리발톱을 이용해 쓰러뜨리는 사냥 기술을 가지고 있었을지 모른다. 이런 사냥 기술은 현생 치타에서도 찾아볼 수 있다. 호모테리움은 일단 먹잇감을 쓰러뜨리면 강한 앞발을 이용해 발버둥치는 먹잇감을 꼼짝 못하게 제압했을 것이다. 그러고 나서 목을 물어 치명적인 일격을 가해 생명과 직결되는 동맥과 기도를 끊었을 것이다. 만약 먹잇감의 목을 정확하게 물게 된다면 검치에 물렸던 기도의 두 곳이 찢어져서 크게 열리게 되어 먹잇감은 상대적으로 짧은 시간 안에 죽음에 이르게 되었을 것이다.

독일의 고생물학자 헬무트 헤머 교수는 호모테리움의 체중이 250kg 정도 나갔을 것으로 추정한 바 있는데, 이런 계산이 맞는다면 호모테리움은 체중이 1~2톤 정도 나가는 작은 매머드나 코뿔소 정도는 충분히 제압할 수 있었을 것이다. 호모테리움 크레나티덴스는 대형 초식동물의 새끼뿐만 아니라 다 큰 코뿔소, 하마, 그리고 작은 암컷 코끼리까지 사냥했을 것이다. 유라시아 종인 호모테리움 라티덴스와 북미 종인 호모테리움 세룸은 체구가 다소 작아서 체중이 150~250kg 정도 나갔을 것으로 추정된다. 따라서 이들은 후피동물(두터운 피부를 가지고 있는 코끼리, 코뿔소, 하마 따위)과 유제류의 완전히 성장하지 않은 새끼를 사냥했을 것으로 짐작된다. 호모테리움의 서식지와 사냥터는 나무와 관목이 무성한 숲과 풀이 자라난 사바나 초원 지대 등 다양한 환경이 혼재된 곳이었다.

호모테리움 라티덴스의 골격 및 복원도. 마카이로두스와 비교해 볼 때 호모테리움은 엉덩이 부분의 척추 길이가 짧았으며, 앞다리와 앞발의 길이가 뒷다리보다 더 길었다.

출처 : Turner & Antón, 1997

CHAPTER 8

북해에서 발견된 검치호랑이의 연대에 대한 논란

방사성탄소연대 측정은 최대 50,000년 전 정도까지의 화석 연대 측정 방법으로 널리 알려졌다. 이 방법은 연대 측정뿐만 아니라 석화, 즉 광물로 치환된 정도를 알려주기도 한다. 앞서 언급한 것처럼 북해 지역에서 발견된 검치호랑이의 턱뼈 화석은 광물로 치환된 정도가 덜하기 때문에 연대가 그리 오래된 것이 아님을 알 수 있다.

북해 지역에서 발견된 포유류의 화석들은 전체적인 색깔이나 광물로 치환된 정도에 따라 몇 개의 그룹으로 분류해 볼 수 있다. 광물로 치환된 정도가 낮은 호모테리움의 턱뼈에 대해서는 같은 북해 해저에서 인양된 매머드, 털코뿔소, 큰뿔사슴, 순록, 스텝바이슨, 야생말, 사향소, 곰, 오소리, 점박이하이에나, 동굴사자 등 매머드 스텝에 서식하였던 다른 동물 화석들과의 비교를 통한 심도 있는 연구가 진행되었다. 흔히 '매머드 스텝 동물군'이라 불리는 이런 환경의 서식지는 서쪽의 영국에서부터 유럽을 거쳐 북아시아에 이르는 북반구의 여러 지역에서 발견된다. 물론 선사 시대의 원시인들도 이런 동물군에 포함된다.

2005년 위르크 지역에 있는 클라스 포스트(오른쪽)의 화석 수장고를 방문한 앨런 터너 교수(가운데)와 그의 아내 길. 터너 교수는 고양잇과 동물의 진화에 대한 권위자로 이에 대한 많은 저서를 발표하였다.

사진 : Wilrie van Logchem

오른쪽 페이지 : 매우 사실적으로 표현된 호모테리움 라티덴스의 복원 모델.

사진 : René Bleuanus

방사성탄소연대 측정을 통한 심도있는 연구 결과 북해에서 발견된 화석 동물군의 연대는 20,000 년에서 50,000년 전으로 판명되었다. 따라서 호모테리움의 아래턱뼈 연대 역시 이 기간 안에 포함된다고 보는 것이 이론적으로 타당할 것이다. 그러나 이 표본의 연대를 최종적으로 결정하기 전에 더 정확한 판단을 하고자 앨런 터너 박사의 조언을 구하게 되었다. 영국 리버풀대학교의 교수로 재직 중인 터너 박사는 대형 고양잇과 동물과 그들의 조상에 대한 세계적인 권위자로 인정받고 있다. 그는 1997년 스페인의 고생물학자이자 화가인 마우리시오 안톤과 함께 『대형 고양잇과 동물과 그들의 화석 친척The Big Cats and Their Fossil Relatives, Columbia University Press, New York』이라는 뛰어난 저서를 출판한 바 있다. 이 책에서 저자들은 호모테리움이 유럽에서 약 50만 년 전에 멸종되어 사라진 것으로 설명하였다. 북해에서 발견된 호모테리움의 화석에 대한 이야기를 들은 터너 박사는 큰 관심을 보이기는 했지만, 한편으로 이 화석은 초기 또는 중기 플라이스토세 지층에서 발견되었다고 보는 것이 옳으며 후기 플라이스토세의 표본으로 보는 것은 무리라는 생각을 하고 있었다.

턱뼈의 방사성탄소연대 측정

북해에서 발견된 턱뼈 화석의 방사성탄소연대 측정은 위트레흐트대학교 내의 그라프연구소에서 천체물리학과 교수인 클라스 보르흐 박사의 주도하에 진행되었다.

먼저 연대 측정을 위해 두 조각의 작은 샘플들이 채취되었다. 첫 번째 샘플은 네 번째 작은 어금니의 뿌리 부분에서 채취되었다. 샘플은 아주 단단해서 다른 연대의 탄소 성분으로 오염되었을 가능성은 거의 없었다. 두 번째 샘플은 턱뼈 자체에서 조금 채취되었다. 그리고 채취된 샘플로부터 연대 측정을 위해 콜라겐 성분이 추출되었다. 첫 번째 측정 결과는 만족스럽지 못했다. 작은 어금니 샘플의 연대는 31,300±400년 전으로, 턱뼈 샘플의 연대는 26,900±400년 전으로 나왔다. 이와 같은 두 샘플의 측정 연대는 신뢰성을 부여하기에는 그 차이가 너무 큰 것이었다. 두 샘플에 대한 연대 측정을 반복해서 시행하였지만 결과는 마찬가지였다.

이런 결과는 표본이 부서지고 변형되는 것을 막기 위해 보존제로 사용된 시약(폴리아세트산 비닐)으로 인한 오염 때문인 것으로 생각되었다. 따라서 실험을 다시 하기 위해 화석 표본의 같은 부분에서 두 번째 샘플들을 채취하였다. 그리고 두 번째 실험에서는 오염을 막고자 보존제를 더욱 철저하게 제거하였다. 다시 시도한 방사성탄소연대 측정 결과는 각각 28,100±220년 전과 27,650±280년 전으로, 충분한 신뢰성을 가지고 있었을 뿐만 아니라 표본의 색깔이나 화석화 정도와도 잘 들어맞았다. 따라서 북해에서 발견된 아래턱뼈는 50,000년에서 20,000년 전의 후기 플라이스토세 것으로서, 그 연대는 약 28,000년 전이라고 결론 내릴 수 있었던 것이다.

북해에서 발견된 호모테리움 라티덴스의 아래턱뼈 표본.
방사성탄소연대측정 결과 약 28,000년 전의 것으로 판명되었다.

사진 : Hans Wildschut

CHAPTER 9

네덜란드에서 발견된 다른 호모테리움 화석들

네덜란드에 살았던 호모테리움의 존재가 처음으로 알려진 것은 1962년으로 거슬러 올라간다. 레이던에 있는 국립자연사박물관 소속으로 근무하던 호이여르 박사는 호모테리움 라티덴스의 아래턱뼈 파편에 대해 학계에 발표하였다. 이 불완전한 상태의 아래턱뼈 표본은 이보다 몇 년 앞서 스홋 형제 소유의 조개채취선 ZZ8에 의해 오스터르스헬더 지역에서 수집된 것이었다. 이 표본은 암갈색을 띠고 있었으며 오스터르스헬더 북부 지역의 깊은 해저 협곡에서 발견되었던 초기 플라이스토세의 화석 표본들보다는 광물로 치환된 정도가 덜했다. 따라서 호이여르 박사는 이 호모테리움의 아래턱뼈 표본은 80만 년에서 20만 년 전의 중기 플라이스토세 것으로 추정하였다.

많은 화석이 발견되고 있는 북해 지역의 전경.
사진 : René Bleuanus

10년 정도 지난 1971년, 조개채취선 ZZ8은 오스터르스헬더 지역, 정확하게 말해서 플라우베르 스폴더르 제1해저공에서 또 다른 호모테리움의 화석을 발견하였다. 발견된 화석은 오른쪽 뒤꿈치뼈로 그리 좋은 보존 상태는 아니었으며, 현재는 레이던에 있는 국립자연사박물관에 소장되어 있다. 그동안 이 표본은 정확하게 동정되지 않은 상태로 있다가 최근에 와서 호모테리움의 것으로 알려지게 되었다. 이 검치호랑이는 남방매머드(맘무투스 메리디오날리스), 테헐런 큰사슴(에우클라도케로스 크테노이데스), 에투루리아코뿔소(스테파노리누스 에트루스쿠스), 대형 말(에쿠스 브레사누스) 등의 동물들과 같은 시대에 살았던 것으로 추정된다.

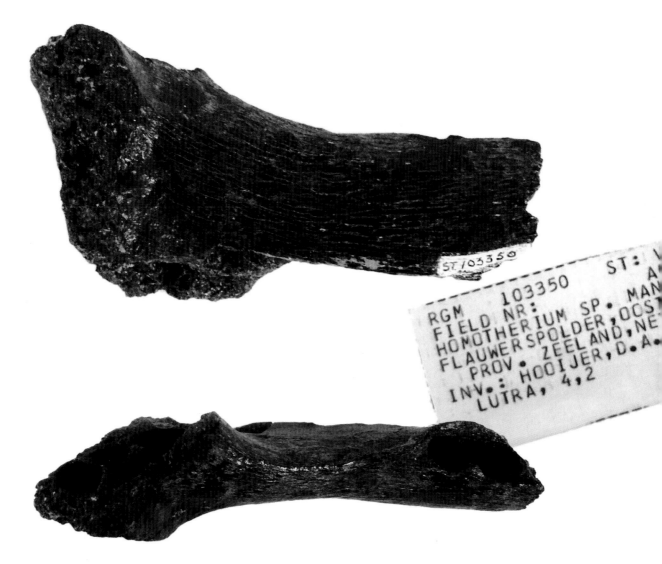

오스터르스헬더 강에서 발견된 호모테리움 라티덴스의 아래턱뼈 표본. 화석화가 많이 진행된 상태이며 보존 상태가 그리 좋지는 않다. 이 표본을 통해 네덜란드에 살았던 호모테리움의 존재가 처음으로 알려지게 되었다.

사진 : Wilrie van Logchem

1971년 오스터르스헬더 강 플라우에르스폴더르 지점에서 조개채취선 ZZ8에 의해 수집된 호모테리움의 오른쪽 뒤꿈치뼈.

1999년에는 호모테리움의 또 다른 화석 발견이 보고되었다. '온루스트' 라 불리는, 발허런 섬 북쪽의 북해 지역에서 조개채취선에 의해 발견된 것으로 호모테리움의 오른쪽 뒤꿈치뼈였다. 이 표본은 검은색을 띠고 있으며 화석화가 상당히 많이 진행되어 있었다. 이런 특징과 다른 몇 가지의 정보를 종합해 볼 때 이 뒤꿈치뼈는 초기 플라이스토세 무렵의 것으로 추정된다. 이 화석 표본이 발견된 지 얼마 안 지나서 온루스트 근방의 롬폿 지역에서는 두 개의 호모테리움 앞발바닥뼈가 추가로 수집되었다.

이런 화석 발견에 근거할 때 이 지역은 170만 년 전 초기 플라이스토세 무렵 또 다른 생물군을 형성하고 있었던 것으로 보인다. 마스토돈의 일종인 아난쿠스 아르베르넨시스 역시 이 생물군의 일원이었다. 이 마스토돈은 유라시아의 같은 종 중에서 가장 늦게까지 살아남았던 개체였을 것으로 보인다.

2001년에는 트롤선 GO41에 의해 북해 지역 브라위너제방 남동쪽 '헷핫' 지점에서 팔꿈치 부분의 뼈가 발견되었다. 이 위팔뼈(상완골) 파편은 프랑스에서 발견된 많은 표본과 비교해본 결과 호모테리움 라티덴스의 것으로 판명되었으며, 이 표본에 대한 연구 논문은 네덜란드 지질학회의 학회지에 발표되었다. 당시에는 방사성 동위원소를 이용한 정확한 연대 측정이 불가능했기 때문에 헷핫 지역에서 발견된 표본들의 연대는 유럽 다른 지역에서 발견된 표본들과의 비교를 통해 대략 100만 년 전으로 추정되었다. 100만 년 전의 북해는 아열대의 사바나 지대였다. 강이 굽이쳐 흐르고 풀이 무성한 초원 지대에는 하마 같은 많은 초식동물이 서식하고 있었으며, 띄엄띄엄 형성되어 있던 숲 속에는 포식자가 매복해서 먹잇감을 노려보고 있었을 것이다.

Journal of Vertebrate Paleontology 23(1):260–262, March 2003
© 2003 by the Society of Vertebrate Paleontology

RAPID COMMUNICATION

LATE PLEISTOCENE SURVIVAL OF THE SABER-TOOTHED CAT *HOMOTHERIUM* IN NORTHWESTERN EUROPE

JELLE W. F. REUMER[1], LORENZO ROOK[2], KLAAS VAN DER BORG[3], KLAAS POST[1], DICK MOL[1] and
JOHN DE VOS[4]

[1]Natuurmuseum Rotterdam, P.O. Box 23452, 3001 KL Rotterdam, The Netherlands, reumer@nmr.nl;
[2]Università di Firenze, Dipartimento di Scienze della Terra and Museo di Storia Naturale (Sezione Geologie e Paleontologia),
Via G. la Pira 4, 50121 Firenze, Italy;
[3]Faculteit Natuur- en Sterrenkunde, R.J. van de Graaff Laboratorium, Universiteit Utrecht, P.O. Box 80.000, 3508 TA Utrecht,
The Netherlands;
[4]Naturalis, National Museum of Natural History, P.O. Box 9517, 2300 RA Leiden, The Netherlands

Saber-toothed cats (Machairodontinae) were wide-spread, top predators of the Pleistocene terrestrial ecosystem. In Europe, they previously were known only from the early and middle Pleistocene (Adam, 1961; Turner and Antón, 1997), and their fossils are always extremely rare. The previous youngest record was from Steinheim a/d Murr, Germany, where an upper canine of *Homotherium* was found in a stratum dated to ca. 0.3 Ma (Adam, 1961). In this paper, we describe a well-preserved dentary of *Homotherium latidens* dated by ^{14}C to be late Pleistocene, ca. 28,000 yrBP.

On March 16, 2000, the fishing vessel UK33 trawled a partial mandible of a large felid from a locality southeast of the Brown Bank in the North Sea. This specific area is only known to yield late Pleistocene and early Holocene mammalian fossils (pers. obs.). Therefore, the discovery struck our attention as being of possible interest because no unambiguous late Pleistocene machairodontines have been reported from Europe. Kurtén (1968) mentioned localities in England that yielded saber-toothed cats of Würmian age. Of these, Pin Hole is a Devensian (=Weichselian or Würmian) deposit, but without a direct date; Kent's Cavern, the type locality of *Homotherium latidens*, is now considered to be middle Pleistocene (Cromerian or pre-Hoxnian) (Sutcliffe and Kowalski, 1976).

We selected the posterior root of the p4 and some bone material from the mandibular ramus for radiocarbon analysis. The analysis was performed on collagen extracted using the method described by Longin (1971) at the Utrecht University AMS facility (Van der Borg et al., 1997). The extraction efficiency was 8 percent, which indicated fair preservation. The first ages we obtained were 31,300 ± 400 yrBP from the root and 26,900 ± 400 yrBP from the mandible (Table 1). The difference between the two dates was too large. We suspected that it was caused by contamination from polymers (polyvinylacetate) used for superficial conservation applied to the tooth in order to avoid flaking. We next reanalyzed the original material and obtained similar results (Table 1). Then we collected new samples from both the tooth and the mandibular ramus and possible contamination was removed both by visual inspection and by using strong solvents. The new samples then gave unambiguous results: 28,100 ± 220 yrBP for the tooth and 27,650 ± 280 yrBP for the bone sample (Table 1). We therefore assume that the original root samples had indeed not been properly decontaminated. All corresponding delta[13]C values (between −15.3 and −21.2 per mil) fall within the range for collagen of land animals (Beavon-Athfield and Sparks, 2001).

The age of the machairodontine dentary from the North Sea, about 28,000 yrBP, corresponds to the middle Weichselian Glacial, and, in the context of Dutch Pleistocene glacial chronology, more precisely just after the relatively warm Denekamp interstadial which lasted from about 32,000 to 29,000 yrBP (Dansgaard et al., 1993; Berendsen, 1998). It is thus by far the youngest saber-toothed cat found in Europe.

DESCRIPTION

The North Sea jaw (Fig. 1; Natuurmuseum Rotterdam catalogue number 02-011) is a right dentary with p3 and p4; the i1–i3, canine, and m1 are missing. Some of the missing teeth are reported to have been present at the time of recovery by the fishing crew of the UK33, but they were lost during the six weeks between this moment and the time of acquisition of the fossil by one of us (K.P.). The original presence of these easily lost teeth indicates that the specimen was probably not reworked. Several small, black, peaty grains found in some of the osseous trabeculae suggest that the jaw was most probably deposited in peat. The bone of the ramus is a light brown color with small black spots, and has a brittle appearance. Unlike North Sea fossils of a geologically older age, it does not produce a metallic sound when tapped upon with a hard object, thus indicating absence of permineralization (De Vos et al., 1998). The apex of the angular process is missing, as are the medial half of the condylar process and the labial edges of the alveoli of the incisiform teeth. The remainder of the jaw is well preserved.

The p3 is small and peg-like, with a crown length of 7.4 mm and width of 5.5 mm. The extreme wear on the p4 is indicative of an old-aged individual. A small, round opening (a fistula) below the m1 alveolus indicates the presence of chronic periapical periodontitis (Hillson, 1986) that affected the anterior root. Mandibular height directly posterior to m1 is 41.9 mm; directly anterior to p4 it is 37.4 mm. The length from the posterior end of the mandibular condyle to the lower anterior edge of the symphysis is 165 mm. The coronoid process is short and robust, it does not lean posteriorly, and it has a rounded, semicircular, upper edge. Its height is 62.2 mm. The masseteric fossa is deep and pocketed to such an extent that its bottom is hidden in lateral view (Fig. 1B). Its anterior edge reaches just below m1, its ventral edge is smooth. The upper sigmoid notch between the coronoid and condylar processes is relatively long and has a circular contour; the smallest height of the mandible at the place of the upper sigmoid notch is 41.5 mm. The lower

학술지를 통한 논문 발표

로테르담자연사박물관의 관장인 옐러 뢰머르 교수를 중심으로 한 많은 연구자들은 북해 지역에서 발견된 호모테리움 라티덴스에 대한 연구를 진행했다. 일반적으로 학술지에 논문으로 발표하기 위한 연구에는 많은 시간이 소요된다. 따라서 연구자들은 일단 간단한 내용만을 정리해 가장 권위 있는 학술지 중 하나인 미국 척추고생물학회지에 발표하기로 하였다. 이런 형태의 발표는 진행 중 연구 내용을 다른 과학자들과 빠르게 공유할 수 있다는 장점을 가지고 있다. 뢰머르 교수를 중심으로 한 연구팀은 호모테리움 라티덴스가 서유럽에서 지금까지 생각해왔던 것보다 27만 년 정도 더 오랫동안 생존했다는 놀라운 사실을 학계에 빨리 보고할 수 있었던 것이다.

2003년 3월 이 보고논문은 '후기 플라이스토세까지 유럽 북서부에 생존했던 검치호랑이 호모테리움'이라는 제목으로 발표되었다. 발표 이후 이 보고논문은 검치호랑이와 관련된 학술논문들에 여러 번 인용되었는데, 이는 북해에서 발견된 표본이 얼마나 큰 의미가 있는지를 말해주는 것이다.

사진 : Remie Bakker

CHAPTER 10

50만 년 전보다 더 최근까지 생존하였던 유럽 지역의 호모테리움

비교적 최근까지도 호모테리움은 유라시아 지역에서 약 50만 년 전에 모두 멸종되어 사라졌다는 것이 일반적인 생각이었다. 그러나 영국, 독일, 프랑스의 학자 중에는 기존 학설을 반박할 수 있 는 근거들을 제시한 사람도 있었다. 이번 장을 통해 이런 내용을 살펴보고자 한다.

10.1 케싱랜드 지층(영국)

1886년 제임스 백하우스는 영국에서 최초로 발견된 호모테리움의 턱뼈에 대해 발표하였다. 서포 크 지방의 케싱랜드 지층에서 발견된 완전한 보존 상태의 오른쪽 아래턱뼈로서, 중기 플라이스토 세(78만 년~45만 년 전)가 시작될 무렵의 것으로 추정되었다. 이 기간은 극심한 기후 변화 탓에 생태계 가 큰 영향을 받던 시기였다. 당시 영국에는 이 아래턱뼈 화석과 비교해볼 만한 표본들이 없었다. 제임스 백하우스는 이 표본을 그리스 피케르미 지역과 독일 에펠샤임 지역에서 발견된 검치호랑 이의 아래턱뼈들과 비교해보았으며, 그 형태가 이들 표본과는 확실히 다르다는 것을 알게 되었다. 턱의 길이는 204mm로 짧은 편이며, 세 번째 작은 어금니(p3)가 없고 네 번째 작은 어금니(p4)는 작 았다. 이는 호모테리움 라티덴스에서 볼 수 있는 전형적인 특징들이다. 어금니(m1)와 톱날 구조의 마모 정도로 보아 이 표본은 늙은 호모테리움의 것으로 추정된다.

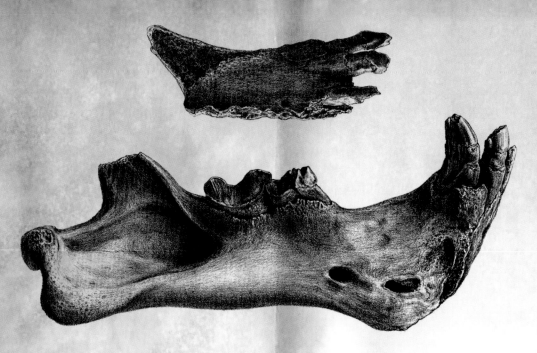

영국에서 최초로 발견된 호모테리움 라티덴스의 아래턱뼈 표본. 위와 옆에서 바라본 모습으로 전체적인 길이는 204mm이다. 이 표본은 1886년 제임스 백하우스에 의해 처음 보고되었으며, 연대는 중기 플라이스토세 초반으로 추정 된다(출처 : Backhouse, 1886).

10.2 켄트동굴(영국)

일반적으로 동굴은 포유류의 화석을 발견하기에 상당히 좋은 장소이다. 포유류는 동굴을 은신처나 서식처로 삼는 경우가 많으며, 또한 동굴은 개방된 장소에 비해 골격이나 단단한 부분이 보존되기에 훨씬 유리한 조건을 가지고 있기 때문이다. 동굴곰(우르수스 스펠라이아), 동굴하이에나(크로쿠타 스펠라이아), 동굴사자(판테라 스펠라이아) 등 멸종된 포유류 중에는 동굴에서 처음 발견된 경우가 드물지 않다. 데번셔 주 토키 근방에 있는 켄트동굴은 영국에서 발견된 가장 중요한 동굴 중의 하나로, 약 400,000년 전에 형성된 것으로 추정된다.

켄트동굴에서 발견된 호모테리움 라티덴스의 위턱 송곳니.

출처 : Dawkins & Sanford, 1864-1871

켄트동굴에서 발견된 호모테리움 라티덴스의 화석들은 새로운 종을 기술하고 학명을 부여하는 기준 역할을 해왔다. 그동안 이 동굴에서는 톱날 구조를 가진 납작한 검치 화석들이 여러 점 발견되었다. 영국의 과학자 윌리엄 버클랜드는 이 화석들이 이탈리아 토스카나 지역이나 독일에서 발견된 화석들과 비견될 만한 중요한 의미를 가진다는 것을 이미 인식하고 있었다. 1846년 리처드 오언 경은 켄트동굴에서 발견된 송곳니 표본에 대해 마카이로두스 라티덴스라는 학명을 사용할 것을 처음으로 제안하였다. 그러나 오늘날에는 이 표본들을 호모테리움(Fabrini, 1890)속으로 분류시켜서 호모테리움 라티덴스(Owen, 1846)라는 학명을 사용하고 있다.

명명자의 이름을 괄호 안에 써넣는 이유는 종에 대한 최초의 기술은 다른 속에 대한 것이었음을 나타내기 위함이다. 켄트동굴에서 발견된 호모테리움 표본의 연령에 대해서는 논란이 되고 있다. 어떤 학자들은 후기 플라이스토세로 보고 있지만, 이보다 더 오래전의 것이라고 주장하는 학자들도 있다.

리처드 오언 경(1804~1892). 런던에 있는 대영박물관 산하의 영국자연사박물관을 설립한 사람 중 한 명이다.

리처드 오언 경(1804~1892)

영국의 리처드 오언 경은 생물학, 해부학, 그리고 고생물학에서 매우 중요한 권위자였다. 그는 런던의 사우스 켄싱턴에 위치한 영국자연사박물관의 설립자 중한 명이었다. 오언은 저명한 외과의사 존 헌터가 소장했던 방대한 사람과 동물의 표본들을 분류하는 일에 조수로 근무하면서부터 그의 경력을 쌓기 시작한다. 영국 왕실은 대중이 쉽게 접근할 수 있도록 하라는 조건하에 한때 존 헌터가 소장했던 수집품들을 로열칼리지에 기증하였다. 리처드 오언은 이 헌터리언콜렉션의 관리자가 되었으며, 또한 많은 양의 표본들을 취급하면서 자연스럽게해부학의 권위자가 되었다. 그는 찰스 다윈이 1831~1836년에 걸친 비글호 항해동안에 남미에서 수집한 척추동물의 화석들에 대한 논문들을 발표하였으며, 이를 계기로 고생물학 분야에서도 큰 명성을 얻게 되었다. 1856년에는 대영박물관의 자연사박물관장이 되었으며, 이후 여러 곳에 흩어져 있던 수집품들을한곳에 모으려고 꾸준한 노력을 기울였다. 그 결과 1837년 말부터는 사우스 켄싱턴에 있는 영국자연사박물관이 세워지기 시작하였으며, 1881년에는 드디어박물관의 공사가 완공되어 일반 대중에게 공개되었다. 오늘날 영국자연사박물관은 자연사 분야에서 전 세계에서 가장 크고 훌륭한 박물관으로 널리 인정받고 있다.

1846년 리처드 오언은 『영국 화석 포유류와 조류의 역사History of British Fossil Mammals and Birds』라는 책을 펴냈으며, 이 책에는 호모테리움 라티덴스에 대한내용이 포함되어 있다.

10.4 로빈후드동굴(영국)

영국 동남부 크레스웰 개사층에 위치한 로빈후드동굴은 검치호랑이 호모테리움 라티덴스의 화석 발견과 관련된 특별한 예이다. 1876년 영국의 고생물학자 로이드 도킨스는 이 동굴에서 오른쪽 위턱 송곳니의 화석을 발견하였는데, 그는 이 송곳니가 원시인 사냥꾼들이 동굴 안으로 가져온 것이라고 믿었다. 이빨의 뿌리 쪽에서 발견된 긁힌 자국은 사람이 만든 것으로 보였다. 이빨 표면에는 갈아낸 흔적이 있었으며 구멍을 뚫으려고 했던 홈도 발견되었다. 따라서 당시의 원시인들은 이 이빨을 변형해서 목걸이나 부적으로 사용하려고 했던 것으로 보인다. 이런 일은 약 35,000년에서 10,000년 전의 후기 구석기 시대에 일어났던 것으로 추정된다. 이 송곳니의 독특한 형태나 톱날을 가진 날카로운 절단면은 당시에 무서운 사냥꾼으로 군림하였던 호모테리움의 모습을 떠올리게 한다.

후기 구석기 시대의 원시인들이 목걸이나 부적으로 사용하려고 호모테리움의 이빨을 변형했다는 것이 일반적인 해석이지만, 이와 다른 주장들도 제기되고 있다. 이 표본은 후기 구석기 시대보다 더 오래된 지층에서 발견된 것일지도 모른다는 주장이 있다. 이것이 아니라면 영국의 호모테리움은 유럽의 다른 지역에서보다 훨씬 더 오랫동안 생존했다는 말이 된다. 로이드 도킨스는 후자의 가능성에 무게를 두고 있었다. 그는 켄트동굴에서 발견된 호모테리움의 화석을 인용하여, 로빈후드동굴의 표본 역시 후기 플라이스토세의 것으로 봐야 한다고 생각했다. 이 표본이 후기 플라이스토세보다 훨씬 더 오래된 지층에서 발견되었을 가능성도 완전히 배제할 수는 없다. 그러나 로빈후드동굴이나 그 주변에서는 이보다 더 오래된 지층은 발견되지 않았기 때문에 이런 가능성은 작아 보인다. 이 화석 발견은 완전히 날조된 것이라는 주장도 있다. 호모테리움의 이빨은 원래 이 동굴에서 발견된 것이 아니라 누가 조작하려고 일부러 가져다 놓았다는 것이다. 마치 필트다운사건처럼 말이다.

10.5 필트다운사건

필트다운사건은 고생물학의 역사에 있어서 널리 알려진 사기 사건이었다. 1912년 찰스 도슨은 이스트서섹스 주 필트다운 근방의 자갈 구덩이에서 아주 오래된 화석인류의 표본을 발견하였다. 그러나 나중에 이 표본은 현대인의 두개골과 오랑우탄의 턱뼈를 조합해서 만든 날조품인 것으로 판명되었다. 이 사기 사건은 40년이 넘도록 과학자들을 바보로 만들어왔던 것이다.

현재까지 로빈후드동굴의 표본에 대한 주장들을 구체적으로 뒷받침할 만한 어떤 증거도 발견되지 않았다. 그렇다고 이런 의심스러운 주장들에 대한 물증이 쉽게 찾아질 것으로 보이지도 않는다. 화학적인 분석 결과 이 표본은 다른 지역에서 발견된 화석 표본들과는 다른 것으로 알려졌다. 이런 결과에 따른다면 이 표본이 원래 다른 지역에서 발견되었을 가능성을 배제할 수 있을 것으로 보이며, 또한 조작의 가능성도 그만큼 줄어든다고 볼 수 있을 것이다. 그렇다고 이런 화학적 분석 결과가 이 화석이 아직 알려지지 않은 다른 장소에서 발견되었을 가능성을 완전히 배제할 수는 없을 것으로 생각된다.

10.6 슈타인하임(독일)

1961년 독일의 고생물학자 칼 디트리히 아담은 유럽의 빙하기에 나타난 플라이스토세 포유류 동물군의 중요성에 대한 논문을 발표하였다. 그는 이 논문을 통해 당시까지 알려진 종들과는 형태가 다소 다른 호모테리움의 위턱 송곳니에 대해 언급하였다. 이 표본은 독일 바덴 주의 슈투트가르트 북동쪽에 있는 슈타인하임 마을 근처의 강 퇴적층에서 수집되었다. 그동안 모래와 자갈로 구성된 이곳 퇴적층에서는 곧게 뻗은 상아를 가진 장비류나 매머드 같은 중기 플라이스토세의 포유류 화석들이 대량으로 발견되었다. 흥미로운 사실은 이곳에서 호모 슈타인하이멘시스라는 초기 인류의 두개골 화석이 발견되었다는 것이며, 이로 말미암아 슈타인하임 지역은 유명한 화석 산지로 널리 알려지게 되었다. 이 화석군의 연대는 30만 년에서 25만 년 전으로 추정된다. 아담은 1956년 이곳에서 손상된 송곳니 화석을 수집하였다. 이빨은 잇몸과의 경계 부분이 거의 부러진 상태였는데, 절단면의 상태로 봐서 최근에 부러진 것으로 짐작되었다. 다행히도 법랑질 층의 보존 상태가 양호해서 표본의 특징을 파악하고 분류하기는 그리 어렵지 않았다. 전체적으로 길고 납작한 형태를 하고 있었으며 뒤쪽으로는 톱날 구조가 나타나 있었다. 톱니의 개수는 10mm당 21개로서 검치호랑이의 전형적인 특징을 갖고 있었다. 과학자들은 이 표본이 더 오래전의 지층에 있었을 가능성은 없는 것으로 보고 있다. 왜냐하면 더 아래의 지층이 흐르는 물에 침식되어 표본이 위쪽으로 노출되었다고 볼 수 있는 어떤 단서도 찾을 수 없었기 때문이다. 슈타인하임에서 송곳니 화석이 발견되기 전까지는 오스트리아, 독일 등 유럽 중심부에서 발견된 호모테리움의 연대는 모두 초기 플라이스토세이며, 이것이 호모테리움이 가장 늦게까지 생존했던 기간이라고 생각했었다. 현재 대부분의 학자들은 칼 디트리히 아담이 발견한 표본은 30만 년에서 25만 년 전에 생존하였던 호모테리움 라티덴스의 것이라는데 의견을 같이하고 있다.

10.7 아르뜨냑과 이츠리츠(프랑스)

프랑스에서는 상대적으로 최근까지 살았던 호모테리움에 대한 논문들이 발표되었다. 앙굴렘므에서 그리 멀지 않은 아르뜨냑 근교에서는 호모테리움의 전형적인 형태를 갖춘 여러 개의 이빨과 골격 화석들이 발견되었다. 화석이 발견된 곳은 토사로 채워진 동굴이었다. 이 동굴은 코끼리, 소, 말, 사슴 등 대형 초식동물이 빠져드는 자연적인 함정이었던 것으로 보인다. 또한 사자, 늑대, 여우, 검치호랑이 같은 중대형 포식자들에게는 은신처 및 서식처가 되었을 것이다. 그리고 폭우 때문에 동굴은 점차 토사로 채워지게 되었을 것이다. 이 동굴은 대략 22만 년 정도 된 것으로 추정된다.

이츠리츠 지역은 고양잇과 동물과 비슷한 모습으로 표현된 선사시대의 작은 조각품이 발견된 장소로 알려졌다. 이 조각품은 약 30,000년 전에 만들어진 것으로 추정되는데, 아쉽게도 진품은 분실된 후 아직 발견되지 않고 있다. 체코의 고생물학자 브라티슬라브 마자크는 사진을 통해 연구한 결과 이 조각품은 호모테리움을 묘사한 것이라고 주장하였다. 그러나 과연 선사시대의 인류가 호모테리움을 직접 본 적이 있을까에 대해서는 논란이 될 수밖에 없는 실정이다.

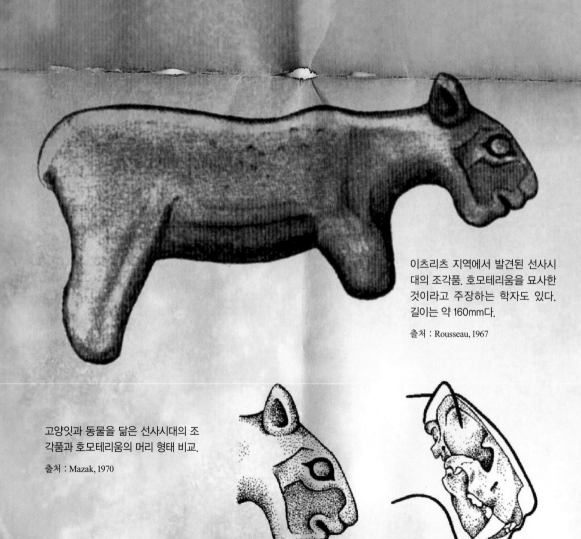

이츠리츠 지역에서 발견된 선사시대의 조각품. 호모테리움을 묘사한 것이라고 주장하는 학자도 있다. 길이는 약 160mm다.

출처 : Rousseau, 1967

고양잇과 동물을 닮은 선사시대의 조각품과 호모테리움의 머리 형태 비교.

출처 : Mazak, 1970

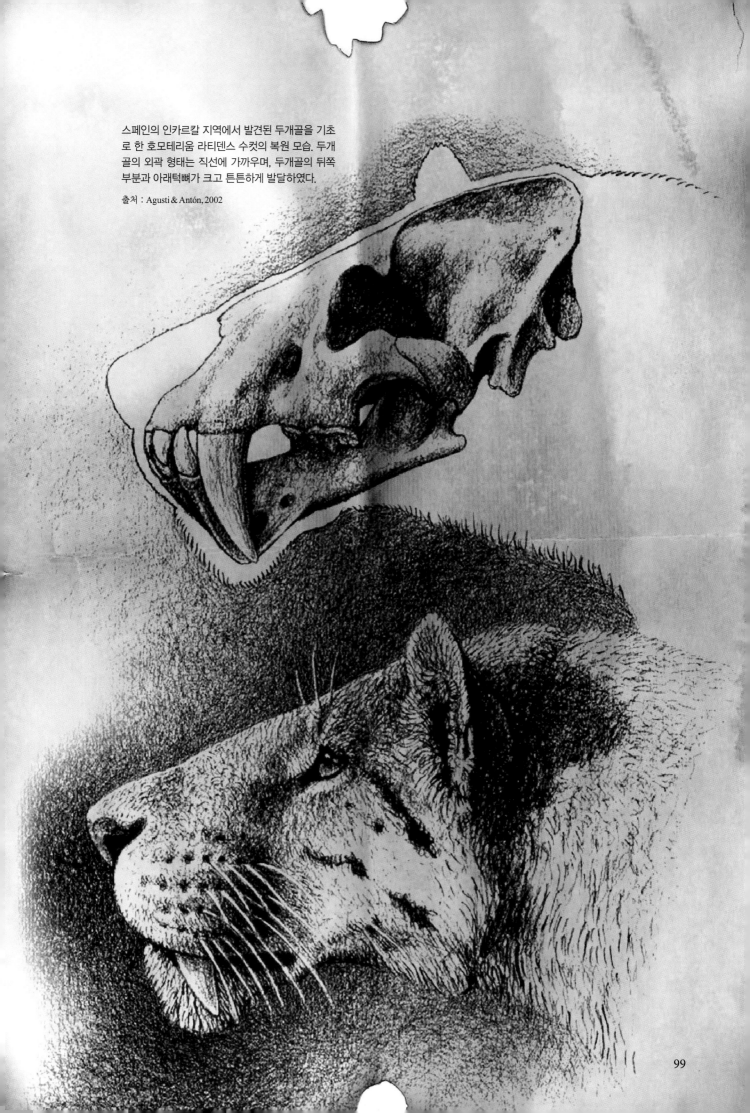

스페인의 인카르칼 지역에서 발견된 두개골을 기초
로 한 호모테리움 라티덴스 수컷의 복원 모습. 두개
골의 외곽 형태는 직선에 가까우며, 두개골의 뒤쪽
부분과 아래턱뼈가 크고 튼튼하게 발달하였다.

출처 : Agusti & Antón, 2002

99

CHAPTER 11

네덜란드의 호모테리움과 동시대에 살았던 포유류들

이번 장을 통해 네덜란드와 인접한 북해 지역에 형성되었
던, 호모테리움을 포함하는 세 개의 화석군에 대
해 소개하고자 한다. 이 화석군들은 초기 플
라이스토세에서 후기 플라이스토세에 이
르는 기간 동안 서로 다른 기후 조건에
적응하여 형성되었다.

초기 플라이스토세 동안 남방매머드(맘무투스 메리
디오날리스), 마스토돈(아난쿠스 아르베르넨시스), 검치호
랑이(호모테리움 라티덴스)는 오스터르스헬더 강 하구
에 형성된 동물군의 구성원이었다. 레미 바커르에
의해 크기 비율에 맞춰 제작된 복원 모델이다.

사진 : Hans Wildschut

11.1 오스터르스헬더: 호모테리움, 매머드, 그리고 마스토돈

해마다 오스터르스헬더 지역에서는 스홋 형제에 의해 운영되는 조개채취선 ZZ10을 이용한 특별한 낚시 여행이 준비된다. 물론 이 여행은 조개를 잡기 위한 것이 아니라 초기 플라이스토세의 화석들을 건져 올리려는 것이다. 전통적으로 내려온 이 동호회의 여행은 이미 50년 이상의 역사를 가지고 있으며, 때로는 다위벌란트 시의 시장이 참여하기도 한다. 과학적인 탐사는 레이던에 있는 국립자연사박물관 관장의 지도 하에 진행된다.

조개채취선의 갑판 위에 서 있는 레이던국립자연사박물관의 존 더 포스 박사와 다위벌란트 시의 잭 아셀베르흐 시장. 동호회 회원들과 함께 오스터르스헬더 지역의 화석 탐사 여행 중 촬영한 사진이다. 전통에 따라 첫 번째 수확물을 기념하여 축배를 들고 있다.

사진 : René Bleuanus

사진 : René Bleuanus

다위벌란트 해안에서 가까운 오스터르스헬더 지역에는 고대 스헬데 강의 토사 운반으로 형성된, 많은 화석이 산출되는 진흙 퇴적층이 있다. 오늘날 스헬더 강은 수심이 40m 이상으로, 강물의 흐름에 퇴적층 속의 화석들은 강바닥에 모습을 드러낸다. 그리고 강바닥에 노출된 화석들은 낚싯배나 조개채취선의 그물에 걸려 갑판으로 인양된다. 화석 탐사 여행 동안, 동호회의 회원들은 갑판으로 올려진 그물 속에 무엇이 들었는지 철저하게 조사한다.

이와 같은 방식은 50년 이상 지속한 것으로, 그동안 수많은 화석 표본들이 이런 방식으로 수집되었다. 스헬데 강에서 인양된 화석들 대부분은 화석화가 많이 진행되어서 검은색을 띤다. 이곳에서 발견된 화석 중에 학술적으로 상당히 가치 있는 표본들은 레이던의 국립자연사박물관으로 보내지며, 일반적인 표본들은 지릭제이해양박물관이나 미델뷔르흐시립박물관으로 보내지게 된다. 오스터르스헬더 지역에는 이외에도 화석이 발견되는 장소가 몇 곳 더 있지만, 발견되는 표본 대부분은 연대가 더 오래된 해양포유류의 화석들이기 때문에 이 책의 전체적인 내용과는 맞지 않는다.

오스터르스헬더 강에서 인양된 마스토돈의 앞발바닥뼈.

사진 : René Bleuanus

103

프랑스 마시프상트랄 오트루아르 지방의 실라크 지역에서는 플라이스토세의 현무암 암반 위에 지어진 집들을 찾아 볼 수 있다.

사진 : René Bleuanus

오스터르스헬더 지역에서 발견된 화석 포유류 중에 가장 두드러지는 것은 남방매머드(맘무투스 메리디오날리스)와 오베르뉴마스토돈(아난쿠스 아르베르넨시스) 같은 장비류다. 연구 결과 이 표본들의 연대는 초기 플라이스토세의 간빙기 무렵으로 밝혀졌다. 네덜란드에서는 이 무렵의 간빙기를 티글리안기라 부르는데, 이는 진흙층에서 많은 화석이 발견된 테헐런 시의 지명에서 유래한 것이다. 테헐런 지역의 진흙층에서는 맘무투스 메리디오날리스의 화석들이 많이 발견되었지만, 마스토돈의 화석은 전혀 발견되지 않았다. 인접한 말베익 지역에서 마스토돈의 어금니 화석이 하나 발견되었지만, 이 표본은 티글리안기 이전의 것으로 밝혀졌다.

연구자들은 더욱 정확한 연대를 알아내고자 오스터르스헬더 지역에서 발견된 화석들을 다른 유럽 지역에서 발견된 화석들과 비교하였다. 남방매머드와 마스토돈이 동시에 발견된 지역은 상당히 드물다. 오스터르스헬더 지역과 마찬가지로 남방매머드와 마스토돈이 동시에 발견된 곳은 오직 프랑스 오베르뉴 지역의 실라크 마을 근처뿐이다. 이 지역에서 발견된 표본들의 연대는 190만 년 전으로, 오스터르스헬더 지역에서 발견된 표본들보다는 조금 오래된 것으로 추정하고 있다. 또한 실라크 지역에서는 메간테레온 메간테레온이나 호모테리움 크레나티덴스 같은 검치호랑이들도 동시대에 함께 서식했던 것으로 알려졌다.

프랑스 오트루아르, 실라크 지역의 현무암 암반. 이 지역에서 발견된 화석 표본들의 연대는 네덜란드 오스터르스헬더 지역에서 발견된 표본들과 거의 같거나 약간 앞서는 것으로 알려졌다. 이 지역의 초기 플라이스토세 지층에서 발견된 화석들은 크리스티앙구스고생물박물관에 전시되어 있다.

사진 : René Bleuanus

오스터르스헬더 화석군의 포유류

남방매머드(맘무투스 메리디오날리스)

남방매머드는 유라시아와 북미 매머드의 선조로 생각된다. 유럽에서는 남방매머드에서 스텝매머드(맘무투스 트로곤테리), 그리고 털매머드(맘무투스 프리미게니우스)로 이어지는 계통의 흐름을 찾아볼수 있었다. 남방매머드의 어금니는 상아질을 포함하는 납작한 튜브 모양의 법랑질판이 시멘트질을 통해 여러 개 이어진 형태를 하고 있다. 남방매머드의 어금니는 전체적으로 폭이 넓으며, 법랑질판은 높이가 낮고 그 개수도 적다. 반면에 더 나중에 등장한 털매머드의 경우에는 법랑질판이 높고 개수가 많아서 더 조밀하게 붙어 있다. 법랑질의 두께에서도 차이를 보여, 남방매머드는 3~5mm이지만 털매머드에서는 1mm 정도로 상당히 얇아진다.

법랑질판의 높이와 개수 증가는 서식 환경에 대한 적응의 결과로 보인다. 법랑질의 높이가 낮은어금니는 나무 잎사귀나 잔가지를 으깨기에 적합하며, 법랑질판이 높게 돌출된 어금니는 스텝지대의 풀을 갈기에 더 적합한 형태다. 처음 나타난 남방매머드의 아래턱은 낮고 긴 형태를 하고 있었지만 플라이스토세를 지나면서 점차 짧고 높아지는 경향을 보이게 되며, 가장 늦게 등장한 털매머드에 이르면 아래턱은 가장 짧고 높은 형태를 하게 된다. 이런 어금니 형태에 근거하면 남방매머드는 숲이 군데군데 형성된 사바나 지대에 살면서 잎사귀를 따먹었지만, 나중에 등장한 스텝매머드는 스텝 지대에서 풀을 뜯어먹고 살았다는 서식지 환경을 이해할 수 있게 된다.

어금니 형태의 차이는 같은 종 안에서도 찾아볼 수 있다. 어린 새끼의 어금니에서는 15~17개의 법랑질판을 찾아볼 수 있지만 가장 늙은 매머드의 어금니에서는 11~12개의 법랑질판만이 발견된다. 매머드의 어금니는 진화 과정에서 세 단계의 변화를 보여주는데, 네덜란드 오스터르스헬더 지역과 프랑스 실라크 지역에서 발견된 맘무투스 메리디오날리스의 경우는 거의 같은 단계에 있다고 볼 수 있다. 이와 같은 어금니의 비교는 서로 다른 지역의 화석군을 대조하여 맞춰보는 연구의 구체적인 방법이 될 수 있을 것이다.

오스터르스헬더 지역에서 발견된 매머드의 다리뼈, 갈비뼈, 어깨뼈 등의 골격을 종합적으로 살펴보면 이들의 체구가 남방매머드 중에서도 유난히 큰 편이었다는 것을 알 수 있다. 이 지역에서 발견된 매머드들의 평균 어깨 높이는 4~4.5m로 추정된다.

400 - 450 cm

남방매머드는 유럽과 아시아 지역의 가장 큰 매머드 종이었다. 이 복원 모델은
북해와 오스터르스헬더 강 지역에서 발견된 화석, 그리고 프랑스 실라크 지역과 이탈리아 토스카나 지역에서 발견된
두개골에 근거하여 레미 바커르의 장인정신에 의해 만들어진 것이다.

사진 : Hans Wildschut

마스토돈(아난쿠스 아르베르넨시스)

아난쿠스 아르베르넨시스는 여러 개의 둥근 봉우리가 돌출된 전형적인 형태의 어금니를 가진 마스토돈으로, 둔두치(여러 개의 둥근 봉우리가 돌출된 어금니) 마스토돈의 계통으로 분류된다. 또한 이들은 위턱에서부터 앞쪽으로 곧게 뻗은 한 쌍의 상아를 가지고 있다. 아래턱은 상대적으로 짧아서 나중에 등장한 매머드의 아래턱과 여러 면에서 비교되기도 한다. 상아는 위턱에만 있고 아래턱에서는 발견되지 않는다. 마스토돈의 어금니에서도 시간이 지남에 따라 점차 형태가 변해가는 경향을 찾아볼 수 있다. 더 나중에 등장한 종으로 갈수록 봉우리의 개수가 늘어나며, 봉우리 사이는 시멘트질로 채워져서 봉우리의 높이가 낮아지는 경향을 보인다. 이런 변화는 식물을 더 효과적으로 씹고 갈아낼 수 있도록 적응한 결과로 보인다.

레이던국립자연사박물관은 화석 탐사 여행을 통해 오스터르스헬더 강에서 수집한 다량의 마스토돈 어금니 화석을 소장하고 있다.

사진 : René Bleuanus

아난쿠스 아르베르넨시스는 강, 늪, 소택지가 어우러진 숲이 무성한 지역에 서식했다. 골격 화석을 분석해 보면 이들은 상대적으로 짧은 앞다리와 뒷다리를 가지고 있었다는 것을 알 수 있다. 특히 앞발바닥이 납작하고 앞다리의 중간 부분은 두꺼운데, 이는 나뭇잎이 두껍게 싸인 강가나 숲의 부드러운 바닥 위를 걸어다니기에 적합한 구조로 짐작된다. 어금니의 형태는 나무 잎사귀나 열매, 그리고 잔가지 같은 부드러운 식물성 먹이를 취하기에 적합했으리라는 것을 짐작하게 한다. 또한 골격 화석을 통해 이들의 체형이 매머드보다 높이가 낮고 더 길었다는 것을 알 수 있다.

오른쪽 : 아난쿠스 아르베르넨시스. 프랑스 오베르뉴 지역에서 발견된 마스토돈과 같은 종으로, 170만 년 전 고대 스헬데 강가에 서식했다.

그림: Remie Bakker

108

아난쿠스 아르베르넨시스의 위턱 세 번째 어금니(M3). 오스터르스헬더 강바닥에서 수집된 표본으로
현재 레이던국립자연사박물관에 소장되어 있다.

사진 : Hans Wildschut

에투루리아 코뿔소(스테파노리누스 에트루스쿠스)

동호회 탐사를 통해 발견된 화석 중에 코뿔소의 표본은 매우 드물어 마모가 심한 어금니 화석 한 개가 발견되었을 뿐이다. 처음에는 먼저 등장한 다른 종의 이빨로 생각했으나 현재는 스테파노리누스 에트루스쿠스의 것으로 보고 있다. 이 코뿔소는 프랑스 실라크 지역에서도 발견되었는데, 후기 플라이스토세에 나타났던 털코뿔소(코일로돈타 안티쿼타티스)보다 상대적으로 다리가 더 길고 다소 가벼운 체형을 하고 있다. 어금니의 형태나 크기는 남방매머드와 상당히 유사하며, 두개골의 형태나 뒷머리뼈의 위치는 이들이 남방매머드처럼 사바나 지대에서 비교적 높은 곳의 나무 잎사귀나 잔가지를 뜯어먹고 사는 취엽성 초식동물이었다는 것을 시사한다.

대형 말(에쿠스 브레사누스)

그동안 발견된 화석 골격을 보면 에쿠스 브레사누스는 상당히 크고 억센 말이었다는 것을 알 수 있다. 화석 말들에 대한 분류는 상당히 복잡해서 다소 혼란스럽기까지 하다. 플라이스토세에 나타났던 대형 말들은 여러 가지의 학명으로 분류되고 있다. 여러 화석 표본들과의 비교를 통해 오스터르스헬더 지역에서 발견된 말의 골격은 1957년 프랑스의 고생물학자 장 비레가 처음 보고한 에쿠스 브레사누스와 가장 유사하다는 결론을 내리게 되었다. 에쿠스 브레사누스는 초기 플라이스토세에 나타났던 말로서 사바나 지대에 서식하였다.

테헐런 큰사슴(에우클라도케로스 크테노이데스)
테헐런 작은 사슴(케르부스 레나누스)

오스터르스헬더 화석군에서는 두 종의 멸종 사슴 화석도 발견되었다. 큰 것은 현생 붉은사슴 크기였으며, 작은 것은 유럽 노란사슴 크기였다. 에우클라도케로스 크테노이데스의 뿔은 뒤쪽으로 휘어 있는 큰 중심 가지와 앞쪽으로 평행하게 나 있는 앞 가지로 구성되며, 각 가지는 다시 네 개에서 다섯 개의 작은 가지로 갈라진다. 그리고 뿔의 전체적인 길이는 800mm에 이른다.

오스터르스헬더 지역에서 발견된 작은 사슴의 뿔은 하나의 주된 가지에서 작은 가지 하나가 갈라져 나온 형태를 하고 있다. 이런 뿔의 형태는 테헐런 작은 사슴(케르부스 레나누스)과 상당히 유사한 것으로 보인다. 프랑스의 실라크 지역과 세네즈 지역에서도 케르부스 필리시라는 사슴이 발견되었는데, 테헐런 작은 사슴은 이들과도 비슷하다. 현재는 이 모든 종류의 사슴들이 실제적으로 하나의 종이며, 가장 먼저 발표된 케르부스 레나누스라는 이름으로 통일해 부르는 것이 옳다는 의견이 지배적이다.

홀로세에 살았던 여러 종류의 사슴들. 그림의 배경으로 사용된 블록 하나는 1제곱미터를 나타낸다. 왼쪽에서 두 번째 사슴이 에우클라도케로스다.

출처 : Augusti & Antón, 2002

111

페리에르하이에나(플리오크로쿠타 페리에리)

오스터르스헬더 지역에서 포식자의 화석은 상대적으로 드물게 발견되고 있다. 그중 하나는 페리에르하이에나로 불리는 플리오크로쿠타 페리에리다. 이 멸종 하이에나의 화석은 대변, 즉 분화석의 형태로 발견되었다. 그리고 때로는 이들의 이빨 자국이 새겨진 다른 동물의 골격 화석이 발견되기도 한다. 하이에나는 포식자임과 동시에 청소동물이기도 하다. 이들의 억세고 강한 턱은 먹잇감의 뼈까지 부술 수 있으며, 이런 증거들은 오스터르스헬더 화석군에서도 찾아볼 수 있다. 하이에나의 이빨 자국은 초식동물의 다리뼈에서 많이 발견된다. 아마도 이들은 먹잇감의 다리 관절을 조금 특별하게 다루는 것 같다. 이들의 강한 턱으로 인해 뼈의 표면과 해면골에는 수 밀리미터 깊이의 이빨 자국이 남게 된다. 오늘날 아프리카에 서식하고 있는 하이에나들은 코끼리 사체에 이와 비슷한 흔적을 남기는 경우도 있다고 한다. 오스터르스헬더 지역에서도 이와 거의 유사한 형태의 하이에나 이빨 자국이 남아 있는 마스토돈의 뒷발목뼈가 발견된 바 있다. 페리에르하이에나 역시 현생 하이에나와 비슷한 습성을 가지고 있었던 것으로 짐작된다.

하이에나는 이처럼 뼈를 먹는 습성 때문에 다량의 칼슘을 섭취하게 되며, 소화되지 않은 많은 양의 칼슘은 대변을 통해 배출된다. 따라서 광물질 성분이 많이 함유된 페리에르하이에나의 대변은 진흙으로 덮여서 화석화의 유리한 여건만 조성된다면 분화석의 형태로 보존되기가 상대적으로 쉽다. 오스터르스헬더 지역의 몇 곳에서는 페리에르하이에나의 분화석과 이들의 이빨 자국이 새겨진 동물의 뼈들이 발견된 바 있으며, 이들의 존재를 직접적으로 알려주는 두 번째 작은 어금니를 포함하는 아래턱뼈 파편이 발견되기도 하였다.

오늘날 아프리카코끼리는 듬성듬성 형성된 숲과 진흙 구덩이가 있는 초원 지대에 서식하고 있다.

사진 : Dick Mol

숲이 우거진 고대 스헬데 강가

그동안 다양한 종류의 포유류 화석이 발견되었다는 사실은 초기 플라이스토세 무렵 이 지역이 바다로 굽이쳐 흘러가는 스헬데 강을 중심으로 하는 풍요로운 사바나 지대였다는 것을 말해준다. 마스토돈과 사슴은 숲이 형성된 강가나 호숫가에 살았을 것이며, 거대한 체구의 남방매머드는 조금 더 건조하고 땅이 단단한, 군데군데 숲이 있는 초원 지대를 선호했을 것이다. 매머드 무리나 다소 가벼운 체형의 에투루리아코뿔소는 매일 마실 물을 찾아서 강가를 돌아다녔을 것이며, 페리에르하이에나는 죽은 동물의 사체나 무리에서 떨어져 나간 경험 없는 매머드 새끼를 찾아 배회하였을 것이다. 검치호랑이 호모테리움 라티덴스 역시 이 서식지의 일원으로서 매머드나 마스토돈의 새끼를 사냥했을 것이다.

11.2

온루스뚜와 롬폿 협곡

호모테리움의 불완전한 턱뼈 화석이 처음 발견된 지점에서 약 30km 떨어진 곳에서는 여러 점의 의미 있는 화석들이 발견되었다. 이곳은 온루스뚜라 불리는 깊은 협곡에 있는 오스터르스헬더 댐의 서쪽 지역으로, 1996년 7월 18일 이곳에서 완전한 상태로 보존된 호모테리움의 뒤꿈치뼈가 발견되었다.

··· 조개 속에 섞여 있는 화석 표본.
사진: René Bleuanus

한 마리의 호모테리움 라티덴스가 굶주린 하이에나 무리로부터 동물의 사체를 지키려고 허세를 떨고 있다. 호모테리움 단독으로는 하이에나 무리를 대적할 수 없었을 것이다. 기후 변화 때문에 점차 숲은 초원 지대로 변해 갔으며, 이런 서식

환경의 변화로 말미암아 포식자들 사이의 경쟁은 더 치열해졌을 것이다. 따라서 단독으로 생활하던 호모테리움은
다른 포식자들과의 경쟁에서 우위를 점하려고 작은 무리를 형성하게 되었을지도 모른다.

그림 : Remie Bakker

온루스뚜 협곡에서 발견된 뒤꿈치뼈는 당시까지 발견된 표본들과는 그 형태가 완전히 달랐다. 대형 고양잇과 동물의 뼈와 비슷하기는 했지만 길이가 짧고 훨씬 더 억센 형태를 하고 있었다. 참고문헌들을 찾아본 결과 이 표본은 호모테리움의 것으로 생각되었으며, 추후 프랑스 리옹의 클라우드 베르나르대학교에서 소장하고 있는 표본과 대조해 봄으로써 이를 다시 한 번 확인할 수 있었다. 이 화석이 발견되고 나서 얼마 후 인접한 롬폿 지역에서는 또 다른 호모테리움의 화석이 발견되었다. 조개채취선에 의해 해저에서 끌어올려진 그물 속에는 조개들과 함께 많은 양의 초기 플라이스토세 화석들이 들어 있었는데, 그 중에는 호모테리움의 것으로 보이는 두 개의 앞발바닥뼈도 포함되어 있었다. 이 지역에서는 예전에도 초기 플라이스토세의 남방매머드와 마스토돈의 화석들이 발견되곤 했었다.

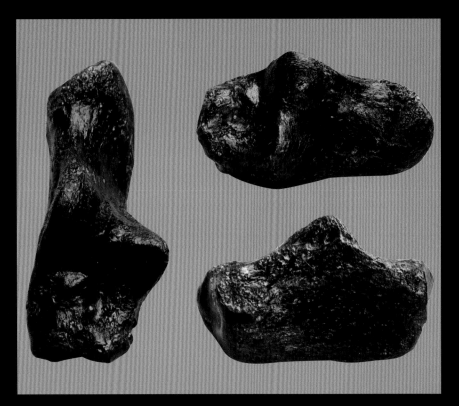

1996년 7월 18일 조개채취선에 의해 북해 지역에서 인양된 호모테리움 라티덴스의 오른쪽 뒤꿈치뼈. 길이는 90mm이다.

사진 : Hans Wildschut

오른쪽 페이지 : 프랑스 세네즈 지역에서 발견된 호모테리움 크레나티덴스의 뒤꿈치뼈. 영문자 F는 관절 면을 나타낸다. 이 관절 면은 검치호랑이의 전형적인 특징으로서 다른 고양잇과 동물에서는 관찰되지 않는다.

출처 : Ballesio, 1963

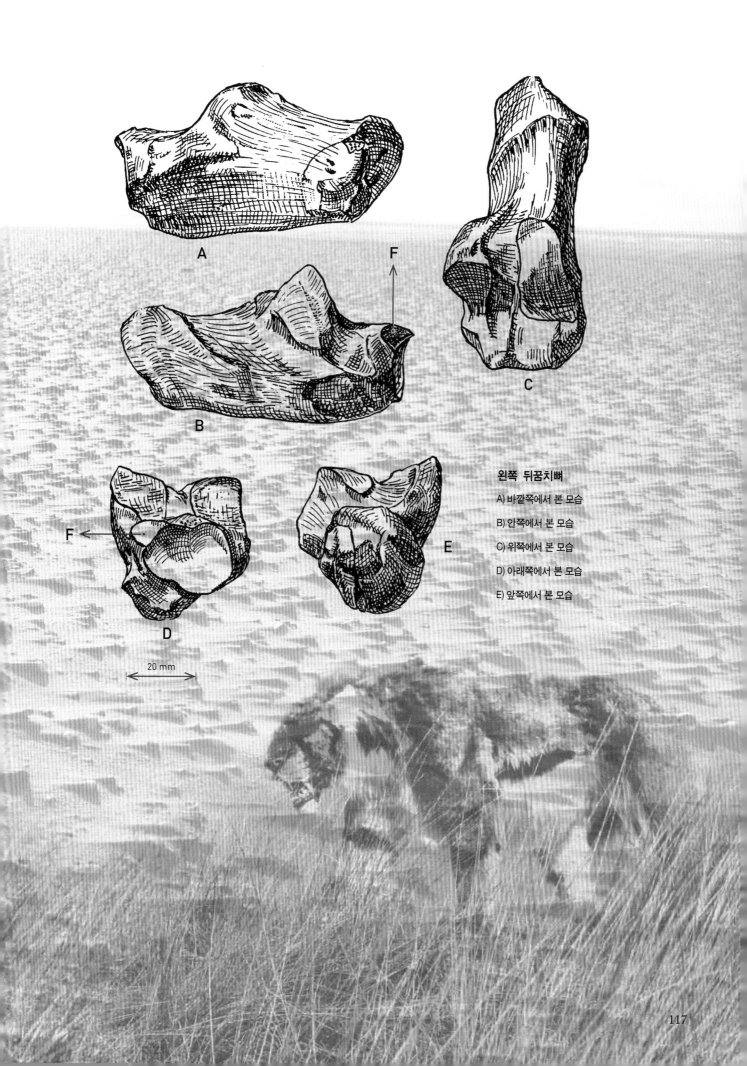

왼쪽 뒤꿈치뼈

A) 바깥쪽에서 본 모습

B) 안쪽에서 본 모습

C) 위쪽에서 본 모습

D) 아래쪽에서 본 모습

E) 앞쪽에서 본 모습

20 mm

11.3 북해 헷핫 지역: 호모테리움과 하마

우리는 오스터르스헬더 지역의 화석군을 살펴보고 나서 호모테리움이 속해 있는 또 다른 화석군인 헷핫 화석군에 대한 조사에 착수했다. 1874년부터 늘 그래왔듯이 어부들은 해안가로 멸종된 포유류의 골격들을 가져왔다. 이처럼 어부들의 낚시 그물 안에 물고기뿐만 아니라 보너스로 화석들이 함께 들어 있는 것은 일상적인 일이었으며, 이곳에서 발견된 화석들은 박물관이나 개인 수집가들의 손에 들어가곤 했었다. 그리고 2001년부터는 헷핫 지역의 화석에 대한 과학적인 탐사가 본격적으로 시작되었다. 우리는 낚싯배의 선원들과 수집가들의 긴밀한 협조 덕분에 이 지역에서 발견된 화석들에 대한 이해의 폭을 크게 넓힐 수 있었다. 그동안 연구자들은 플라이스토세 동안에 나타났던 여러 화석군을 비교하여 연구해왔는데, 특히 각각의 화석군이 추운 빙하기에 나타났던 것인지 아니면 더 따뜻한 간빙기 동안에 나타났던 것인지를 파악함으로써 이 지역에서 발견된 화석의 분류와 화석이 가진 의미 등을 훨씬 쉽게 이해할 수 있었다.

그동안 소형 어선 GO41의 선장은 화석이 발견된 장소나 당시의 상황 등에 대해 꼼꼼하게 기록해왔으며, 우리는 그의 협조 덕분에 화석이 발견된 지질학적인 위치나 연대 등에 대한 유용한 정보들을 많이 얻을 수 있었다. 이 어선은 에이마위던 해안으로부터 50해리가량 떨어진, 흔히 어부들 사이에서 '헷핫'이라 불리는 수역에서 조업하는 경우가 흔했다. 이 수역의 수심 46m 아래 해저는 커다란 바위와 이상하게 생긴 돌들이 흩어져 있는 불규칙한 지형을 하고 있다. 따라서 그물이 찢어지고 낚시 장비들이 손상될 위험이 아주 크기 때문에 대부분의 어선은 이 지역에서의 조업을 회피하고 있다. 그러나 소형 트롤선 GO41의 승무원들은 많은 물고기를 잡아올리려고 이런 위험을 감수하였다. 헷핫 수역의 해저에는 이빨이나 골격 같은 많은 화석이 있었으며 대부분은 화석화가 많이 진행되어 암갈색 내지는 검은색을 띠었다. 화석에 철광석이 붙어 있는 경우도 많았는데, 이는 화석의 연대가 상당히 오래되었다는 것을 의미한다. 그동안 이 어선의 승무원들은 헷핫 수역에서 많은 화석을 인양하였으며, 2001년 6월에는 고생물학적인 탐사가 본격적으로 시작되었다. 요한 세터르스로부터 빌린 소형 트롤선 SL27을 이용해 해저에서 화석을 인향하는 이 탐사작업은 일주일 동안 밤낮없이 진행되었다.

헷핫 수역에서 진행된 탐사 작업의 첫 번째 결과는 논문을 통해 발표되었다. 가장 많이 발견된 것은 하마나 남방매머드 같은 포유류의 화석으로서, 약 1백만 년 전에는 이곳이 비교적 온난한 지역이었다는 것을 알 수 있었다. 또한 많은 연구를 통해 나중에 확인된 사실이지만, 앞다리 골격의 작은 파편을 통해 호모테리움 역시 이 지역에 서식했었다는 것도 밝혀지게 되었다.

약 100만 년 전, 브라운제방 남동쪽 헷핫 지역에는 검치호랑이와 하마가 서식하였다. 복원 모델은 레미 바커르에 의해 크기 비율에 맞춰 제작된 것이다.

사진 : Hans Wildschut

유럽의 다른 지역에 헷핫 화석군과 비슷한 서식 환경의 화석군이 있었는지 찾아보기 위한 비교 연구가 진행되었다. 그리고 연구자들은 독일의 운터마스펠트 지역에서 발견된 화석군이 가장 비슷한 서식지였다는 것을 알게 되었다. 초기 또는 중기 플라이스토세 당시 이 지역은 하마 같은 동물들이 서식하던 간빙기의 온난한 기후 조건을 가지고 있었다.

헷핫 지역의 화석들은 하천의 침식 및 퇴적 작용으로 형성된 모래와 자갈의 퇴적층에서 발견되고 있다. 대형동물들의 화석 중에는 철광석의 산화 때문에 붉은색을 띠는 토사로 덮여 있는 경우가 있었는데, 이는 이 지역에서 발견된 화석들의 공통적인 특징이기도 하다.

헷핫 화석군에서 발견된 포유류들

남방매머드(맘무투스 메리디오날리스)

헷핫 지역에서 발견된 매머드의 어금니화석은 가장 늦게까지 생존했던 남방매머드의 것으로 추정된다. 하지만 남방매머드보다 나중에 등장한 계통인 스텝매머드(맘무투스 트로곤테리) 중에서 가장 먼저 나타난 초기 형태의 어금니일 가능성도 배제하기는 어렵다. 연구자들 역시 이 문제에 대해 아직 명확하게 결론 내리지 못한 상태이며 앞으로 더 많은 표본이 발견되어야 정확히 알 수 있을 것 같다. 아쉽게도 탐사선으로 사용되었던 소형 어선 GO41은 퇴역 상태로 더는 운행되지 않는다. 헷핫 지역의 탐사를 위해 다른 배가 운행될 예정이지만, 앞으로 본격적인 탐사가 재개되기까지 상당히 오랜 시간이 걸릴 것으로 예상한다.

이 지점이나 조금 떨어진 더 깊은 해저 지점에서 발견된 남방매머드의 골격 표본들은 모두 같은 화석군에 속하는데, 여기에서 발견된 골격들은 전체적으로 상당히 큰 편에 속한다. 또한 다른 매머드의 경우와 마찬가지로 수컷 매머드는 암컷보다 체구가 더 컸다.

북해 해저 헷핫 지점에서 발견된 남방매머드의 아래턱 어금니 화석. 최대 길이는 313mm이다(수집 : 클라스 포스트).

사진 : Hans Wildschut

헷핫 지역에서 발견된 히포포타무스 안티쿠스의 척추뼈. 최대 길이는 166mm이며, 왼쪽은 앞에서 본 모습이고 오른쪽은 뒤에서 본 모습이다(수집 : 클라스 포스트).

사진 : Hans Wildschut

하마(히포포타무스 안티쿠스)

멸종된 대형 하마의 화석 발견은 언제나 흥분되는 일이다. 오늘날 하마는 아프리카의 열대 지역에 서식하고 있는 동물로서, 동물원에서 사육되는 하마의 경우 거의 온종일 물속에서 지내는 것을 볼 수 있다. 헷핫 지역에서는 하마의 어금니, 송곳니 파편, 그리고 골격 일부가 발견되었다. 이런 화석 표본들을 살펴보면 이들이 현생 하마(히포포타무스 암피비우스)보다 체구가 더 컸다는 것을 알 수 있다. 하마나 남방매머드 같은 동물들의 화석이 발견된다는 것은 과거 이 지역이 상당히 온화한 기후 조건의 서식지였다는 것을 말해준다. 즉, 물과 먹이가 풍부하고 따뜻한 사바나 지대였다는 것이다. 그리고 이 지역의 하마는 오늘날 아프리카에서 볼 수 있는 것처럼 주로 밤에 물가에서 풀을 뜯어 먹고 살았을 것으로 짐작된다.

초기 플라이스토세 하마인 히포포타무스 안티쿠스의 세 번째 큰어금니를 포함하는 아래턱뼈 파편. 표본의 최대 길이는 139mm이다(수집 : 클라스 포스트).

사진 : Hans Wildschut

멸종 무스(알케스 라티프론스)

무스는 사슴과 중에 가장 체구가 큰 종으로서 알케스속으로 분류된다. 또한 멸종된 알케스 라티프론스는 후기 플라이오세에서 후기 홀로세 사이에 나타났던 무스 종류 중에서도 체구가 가장 컸다. 오늘날에는 단 한 종의 무스(알케스 알케스)만이 살아남아 있다. 알케스 라티프론스는 헷핫 지역에서 비교적 흔히 발견되고 있는데, 뿔과 골격이 상당히 크기 때문에 화석의 식별에는 큰 어려움이 없다. 이 무스는 전형적인 취엽성 초식동물로서 강가나 호숫가에 살면서 나무의 부드러운 부분을 뜯어먹고 살았을 것으로 보인다. 이런 습성은 사바나 지대의 서식 환경과 잘 들어맞는 것으로 생각된다.

도킨스큰사슴(메갈로케로스 도킨시)
사빈큰사슴(메갈로케로스 사비니)
테헐런 큰사슴(에우클라도케로스 크테노이데스)

헷핫 지역에서는 대형 무스뿐만 아니라, 오히려 이들보다 체구가 더 컸던 사슴들의 화석이 발견되었다. 이런 대형 사슴으로는 도킨스큰사슴과 사빈큰사슴 등이 알려졌는데, 이들의 골격은 상당히 유사해서 구분하기가 쉽지 않지만 뿔의 형태는 서로 다르다. 이 지역에서 발견된 사슴 골격의 대부분은 이 두 종과 테헐런 큰사슴의 것이다. 테헐런 큰사슴의 경우 오스터르스헬더 지역에서도 발견되지만, 헷핫 지역의 화석 연대가 거의 1백만 년 정도 앞선다.

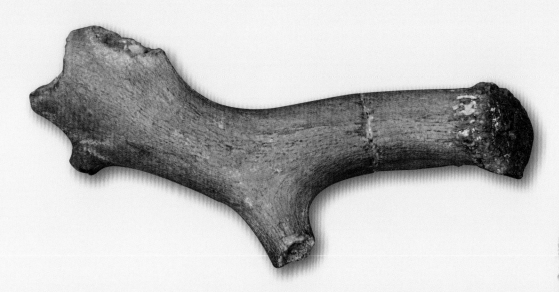

대형 사슴인 메갈로케로스 도킨시의 뿔 파편. 이 사슴의 화석은 헷핫 지역에서 많이 발견되고 있으며 연대는 약 1백만 년 전으로 추정된다. 표본의 최대 길이는 322mm이다(수집 : 클라스 포스트).

사진 : Hans Wildschut

스코에텐사크바이슨(비손 스코에텐사키)

헷핫 지역에서는 바이슨의 골격들도 발견되었는데, 이 연대의 바이슨 화석은 상당히 드물게 발견되고 있을 뿐이다. 처음에는 이 골격들이 독일의 운터마스펠트 지역에서 발견된 비손 멘네리와 같은 종으로 생각되었다. 비손 멘네리는 비교적 흔하게 발견되는 종으로서, 뿔은 훨씬 작지만 전체적인 골격의 크기와 형태는 헷핫 지역에서 발견된 표본과 대체로 들어맞았다. 그러나 뿔의 형태는 같은 종으로 보기 어려울 만큼 완전히 달랐다. 연구자들은 많은 숙고 끝에 헷핫 지역의 화석은 운터마스펠트 지역의 바이슨과는 다른 종이며, 오히려 비손 스코에텐사키에 더 가깝다는 결론을 내렸다. 비손 스코에텐사키는 소형 바이슨으로서, 어깨 높이가 2m에 이르는 후기 플라이스토세의 대형 스텝바이슨에 비해 훨씬 체구가 작았다. 이러한 화석 검증 과정은 화석 발견 장소에 대한 정확한 기술이 얼마나 중요한가를 말해준다. 이런 정보 덕택에 헷핫 지역에 바이슨이 살았었다는 사실, 그리고 이 바이슨이 어떤 종인지 파악할 수 있었기 때문이다.

대형 말(에쿠스 브레사누스)

말의 화석은 헷핫 지역에서 흔하게 발견되고 있는데, 골격의 크기를 통해 이들이 상당히 큰 종이었다는 것을 알 수 있다. 연구자들은 이 지역에서 발견된 대형 말을 오스터르스헬더 지역에서 발견된 것과 같은 종으로 파악하고 있다.

초기 플라이스토세의 대형 말인 에쿠스 브레사누스의 앞발 골격. 길이는 252mm이며 레이던국립자연사박물관 소장.

사진 : Hans Wildschut

123

에투루리아코뿔소(스테파노리누스 에트루스쿠스)

헷핫 지역에서 발견된 코뿔소는 긴 다리와 함께 상대적으로 가벼운 체형을 하고 있다. 이 지역에서 수집된 몇 개의 위턱 어금니와 아래턱뼈는 에투루리아코뿔소로 불리는 스테파노리누스 에트루스쿠스의 것으로 판명되었다. 이 코뿔소는 오스터르스헬더 화석군의 것과 같은 종으로서 상대적으로 드물게 발견되고 있다.

헷핫 지역에서 발견된 에투루리아코뿔소의 턱뼈 파편(수집 : 클라스 포스트).

사진 : Klass Post

에투루리아곰(우르수스 에트루스쿠스)

헷핫 지역에서는 작은 곰의 것으로 보이는 앞다리 골격의 일부분도 발견되었다. 그동안 발견되었던 화석 표본들과 비교해본 결과 초기 플라이스토세 무렵 유럽에 서식했던 소형 곰인 에투루리아곰과 가장 비슷하다는 결론에 이르렀다.

비버와 비슷한 설치류(트로곤테리움 쿠비에리)

헷핫에서 발견된 가장 작은 포유류는 비버와 비슷하게 생긴 트로곤테리움 쿠비에리다. 이 멸종 포유류는 이미 당시에도 서식하고 있던 현생 비버, 카스토르 피베르와는 많은 차이점을 가지고 있었다. 트로곤테리움 쿠비에르는 현생 비버에 비해 꼬리가 더 둥글었으며 두개골과 턱뼈의 형태도 달랐다. 트롤선 GO41의 승무원들은 거의 완전한 상태로 보존된 트로곤테리움의 앞다리 화석을 수집했는데, 화석의 보존 형태가 다른 대형 포유류의 화석과 유사했기 때문에 같은 화석군에 속한다는 것을 짐작할 수 있었다. 또한 헷핫에서 조금 떨어진 북해의 다른 수역에서도 상당히 양호한 상태로 보존된 트로곤테리움의 대퇴골 화석이 발견된 적이 있다. 네덜란드에서 트로곤테리움의 화석이 처음 발견된 곳은 테헐런 근방의 진흙 구덩이였는데, 이곳은 많은 트로곤테리움의 화석이 발견됨에 따라 트로곤테리움 진흙층으로 불리기도 한다.

11.4 북해: 후기 플라이스토세 매머드 스텝의 동물들

후기 플라이스토세 무렵 영국으로부터 북해를 거쳐 북아시아에 이르는 유라시아 대륙의 북부, 그리고 베링해협을 지나 북미 대륙에 이르는 지구 북반구의 대부분은 광활한 스텝 지대였다. 지금으로부터 50,000년 전에서부터 마지막 빙하기가 점차 끝나갈 무렵인 25,000년에서 11,500년 전까지의 기간에 이 건조한 초원 지대는 나무가 없는 추운 기후 조건하에 있었던 것으로 보이지만, 여전히 다양하고 풍부한 동물군들을 형성하고 있었다. 해수면의 높이는 오늘날에 비해 100m 이상 낮았으며, 이로 말미암아 대륙과 해안선의 형태 역시 오늘날과는 달랐다. 영국 제도는 유럽의 일부분으로 이어져 있었으며, 북해 지역 역시 강 하구의 삼각주 지대였다. 매머드 스텝으로 불리는 북반구의 광활한 초원 지대는 춥고 건조한 기후였지만 동물들의 서식 환경은 오늘날과 달랐다. 오늘날 북극권의 툰드라 지대는 1년 중 상당 기간이 많은 양의 눈으로 덮여 있으며 식물의 발육이 나빠서 과거처럼 매머드, 털코뿔소, 스텝바이슨과 같은 대형 초식동물들의 무리를 부양할 수 있는 여건이 되지 못한다. 그러나 플라이스토세 당시의 시베리아는 북해를 포함한 여타 스텝 지대의 모든 종들을 포함하는 서식지였다.

매머드 스텝에서 자라는 식물은 주로 건조한 기후에 적응한 거칠고 억센 풀들이었다. 그리고 스텝의 군데군데에는 모래로 덮인 개방지가 있었으며, 바람에 날려 온 모래가 쌓여서 모래 언덕을 형성하기도 했다.

특히 영국과 서유럽 사이의 북해 지역은 후기 플라이스토세의 매머드스텝 중에서도 많은 동물이 사는 가장 풍요로운 서식지의 하나였다. 그동안 북해 지역에서는 어금니, 골격, 발굽과 같은 수없이 많은 화석이 어부들에 의해 인양되었다. 그리고 이 화석들의 연대는 방사성탄소연대 측정 결과 50,000~25,000년 전으로 밝혀졌다.

GPS 수신기는 북해 지역의 탐사에 없어서는 안 될 필수적인 장비다. 사진에서 GPS 수신기에 잡힌 곳은 북해의 헷핫 수역이다.

사진 : René Bleuanus

2007년 1월 사나운 북해 바다 위에서의 과학 탐사.

사진 : Bert van Meteren

라인 강, 템스 강, 그리고 뫼즈 강 같은 큰 강을 따라 형성된 모래와 자갈 구덩이에서도 같은 종류의 포유류 화석들이 발견되고 있다. 이 지역에서 발견된 화석들 대부분은 따로 떨어져 나간 골격 파편으로, 온전한 상태로 보존된 골격이 발견된 경우는 극히 드물다.

북극권에서도 많은 화석이 발견되었다. 특히 시베리아의 영구동토층에서는 동결 건조 상태로 보존된 매머드의 미라 화석들도 발견되었다. 미라 화석은 피부, 털, 근육, 내장 등의 연부조직까지 포함하고 있기 때문에 이들의 생존 당시 모습에 대한 아주 중요한 정보들을 제공한다. 이들의 생존 당시 형태, 외형, 대사작용, 그리고 먹이 섭취 등을 친척뻘 되는 현생 코끼리와 비교할 수 있게 된 것이다. 그러나 이들의 멸종 이유는 아직 명확하게 밝혀지지 않았다. 그동안 이들의 멸종에 대한 많은 가설이 제시되었지만 여전히 논란이 계속되고 있으며, 또한 기존 가설을 논박할 만한 새로운 화석들도 지속적으로 발견되고 있다.

매머드, 털코뿔소, 그리고 사향소 같은 빙하기의 포유류들은 두터운 털을 가지고 있었다. 이는 후기 플라이스토세의 추운 기후 조건에 적응한 당연한 결과였을 것이다. 추위에 적응한 이런 특징들은 오스터르스헬더와 헷핫 지역에서 발견된 초기 및 중기 플라이스토세의 포유류들과는 확연하게 구분되는 것이다. 빙하기의 대표적인 동물들에 대해서는 이어지는 장을 통해 보다 자세히 소개하려고 한다.

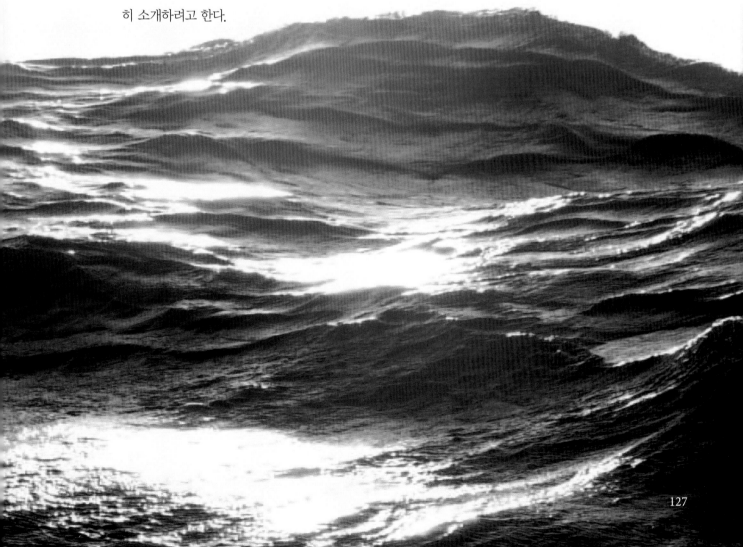

북해에서 발견된 매머드 스텝의 포유류들

스텝바이슨(비손 프리스쿠스)

이 큰 체구의 멸종 버펄로는 매머드 스텝에서 아주 흔했으며 무리를 이루어 크게 번성했다. 또한 이들의 골격 화석도 북해의 해저에서 어부들에 의해 다량으로 수집되었다. 서 있을 때 어깨까지의 높이가 2m에 이르렀으며, 두개골과 뿔 역시 아주 컸다. 특히 뿔은 양쪽의 폭이 1.2m가량 되어 매우 인상적인 모습을 하고 있었다. 스텝바이슨은 육로로 연결되어 있던 베링해협을 건너 북미에 진출하여 플라이스토세 아메리카 동물군의 일부가 되었다. 이들은 약 13,000년 전까지 생존하였지만 이후 모두 멸종되어 사라졌다.

사이가영양(사이가 타타리카)

사이가영양의 화석은 북해 지역에서는 전혀 발견되지 않았지만 인접 국가의 후기 플라이스토세 매머드 스텝 화석군에서는 화석 발견이 보고된 바 있다. 따라서 후기 플라이스토세 당시 매머드 스텝의 일부였던 북해 지역에도 사이가영양이 매머드, 스텝바이슨 등과 함께 서식하였을 가능성은 상당히 커 보인다. 사이가영양은 양 정도 크기의 비교적 작은 영양으로서 오늘날에도 중앙아시아의 건조한 스텝 지역에 서식하고 있다. 이들은 춥고 건조한 초원에 분포하면서 겨울철의 추운 기후 조건에 적응하였지만, 폭설이 내리는 극한 추위에서는 생존하지 못한다. 따라서 이들이 서식했던 플라이스토세의 매머드 스텝의 겨울 역시 그리 혹독한 추위나 폭설은 없었을 것으로 짐작된다.

야생말(에쿠스 카발루스)

현재까지 발견된 많은 화석에 근거할 때 야생말인 에쿠스 카발루스는 북해 지역, 특히 남쪽 해안의 만곡 지역에서 크게 번성하였던 것으로 보인다. 야생말은 스텝 지대의 전형적인 동물로서 큰 무리를 형성하여 초원을 돌아다녔을 것이다.

영국과 네덜란드 사이에 펼쳐진 28,000년 전의 매머드 스텝.

그림 : Rob Buiter

유럽 야생당나귀(에쿠스 히드룬티누스)

사이가영양과 마찬가지로 유럽 야생당나귀 역시 춥고 건조한 기후 조건을 반영한다. 에쿠스 히드룬티누스도 추운 겨울을 견뎌낼 수 있었다. 이들의 골격은 전체적으로 야생말과 유사하지만 훨씬 가벼운 형태를 하고 있으며, 현생 말과는 더 큰 차이를 나타낸다.

털코뿔소(코일로돈타 안티퀴타티스)

일반적으로 털코뿔소의 화석은 매머드와 같은 지역에서 발견되고 있다. 털코뿔소의 화석은 매머드보다 훨씬 드물게 발견되지만, 예외적으로 북해 지역에서는 많은 털코뿔소 화석들이 발견되었다. 그동안 이 지역에서 발견된 어금니, 두개골, 골격 등의 털코뿔소 화석은 수천 점에 이른다. 이들의 어금니는 거친 풀을 뜯어 먹기에 적합하도록 발달하여서, 잇몸 밖으로 높게 돌출되어 있으면서 가운데 부분이 움푹 들어간 전형적인 형태를 하고 있다.

털코뿔소와 스텝바이슨.

사진 : René Bleuanus

큰뿔사슴(메갈로케로스 기간테우스)

큰뿔사슴, 혹은 아일랜드엘크는 지구상에 나타났던 가장 큰 사슴으로 알려졌지만 이는 사실이 아니다. 가장 큰 사슴은 멸종 무스인 알케스 라티프론스였다고 보는 것이 옳을 것이다. 큰뿔사슴 수컷의 뿔은 폭이 3m에 이르렀지만, 암컷은 뿔을 가지고 있지 않았다. 이 대형 사슴은 마지막 빙하기의 끝까지 살아남았다가 약 7,000년 전에 멸종하였다. 가장 늦게까지 살아남았던 큰뿔사슴의 화석은 러시아에서 발견되었다.

순록(랑기페르 타란두스)

순록은 사향소와 함께 툰드라 지대 산림에 살았던 빙하기의 대표적인 동물로 알려져 있다. 북해 지역에서는 순록의 화석이 많이 발견되었기 때문에 종의 식별은 어렵지 않다. 순록은 암수 모두 뿔을 가지고 있었으며, 오늘날처럼 빙하기 당시에도 큰 무리를 형성했을 것으로 짐작된다. 발견된 화석 중에는 네안데르탈인(호모 네안데르탈렌시스)과 현생 인류(호모 사피엔스)에 의해 변형된 것으로 보이는 뼈들이 포함되어 있어서, 이들이 순록을 사냥했던 것으로 추정된다.

털매머드(맘무투스 프리미게니우스)

털매머드는 남방매머드, 스텝매머드, 털매머드로 이어지는 계보에서 가장 작고 가장 늦게 등장한
종이다. 털매머드에서는 암수에 따르는 차이점이 발견된다. 수컷 매머드는 체구가 훨씬 크며, 상
아가 나선형으로 더 크게 발달하였던 반면에 암컷은 체구와 상아 모두 더 작았다. 어금니는 잇몸
밖으로 높게 돌출되어 초원 지대의 거친 풀을 뜯기에 적합한 형태를 하고 있다. 털매머드의 화석
은 북해 지역에서 많이 발견되었다. 이제 북해 지역은 매머드뿐만 아니라 매머드 스텝에 살았던
동시대의 여러 포유류 화석들이 발견되는 가장 중요한 화석 산지 중 한 곳이 되었다.

맘무투스 프리미게니우스 새끼의 아래턱뼈. 유치 상태의 양쪽 세 번째 어금니(dp3)와 오른쪽 네 번째 어금니(dp4)가 보존
되어 있다. 이 화석은 네덜란드 남쪽 해안과 가까운 북해의 '유로 협곡' 으로 불리는 수역에서 수집된 것이다. 턱뼈의 최
대 폭은 211mm이며, 최대 길이는 203mm다. 위쪽 사진은 옆에서 본 모습이며, 아래쪽 사진은 교합 면의 상태를 나타낸
것이다(수집 : 클라스 포스트).
　사진 : Hans Wildschut

사향소(오비보스 모스카투스)

오늘날 사향소는 순록과 마찬가지로 유럽, 아시아, 북미에 걸친 북극권 지역에 서식하고 있다. 사향소는 유럽과 아시아에서는 플라이스토세에서 홀로세로 넘어가는 빙하기의 끝 무렵에 모두 멸종되어 사라졌다. 그러나 20세기 초반 식량 자원의 목적으로 유라시아 지역에 다시 도입되었으며, 현재는 툰드라 지역에서 작은 무리를 지어 살아가고 있다. 탄소연대 측정 결과 북해 지역에서 발견된 사향소의 연대는 50,000~25,000년 전으로 밝혀졌는데, 이는 매머드 스텝 화석군의 다른 표본들과도 일치하는 것이다. 또한 고식물학적인 연구 결과 이 지층에서 스텝 지대의 식물들도 확인되었다. 따라서 이런 연구 결과에 따르면 사향소는 순록과 마찬가지로 처음에는 스텝 지역에 살았지만, 점차 툰드라성 기후로 변해가는 서식지 환경에 적응하여 오늘날 북극권의 혹독한 환경 속에서 살 수 있게 된 것으로 보인다.

동굴하이에나(크로쿠타 스펠라이아)

오늘날 하이에나가 아프리카의 따뜻한 사바나나 스텝 지대에 서식하고 있다는 사실을 생각하면 다소 믿기 어려울 수도 있겠지만, 하이에나 역시 과거 매머드 스텝에 서식했던 동물 중 하나였다. 이 지역에서 발견된 하이에나의 화석들은 이런 사실을 입증해주고 있다. 동굴하이에나라는 이름은 이들의 화석이 독일의 동굴들에서 처음 발견된 데서 유래한 것이다. 물론 북해 지역에는 동굴이 없지만 같은 종의 하이에나 화석들은 어부들의 그물에 걸려서 지속적으로 발견되고 있으며, 또한 하이에나의 이빨 자국이 선명하게 남아 있는 대형 초식동물의 화석들도 발견되었다. 따라서 이들이 매머드 스텝에서 청소동물이나 사냥꾼으로 살았었다는 것은 이제 더는 의심할 수 없게 되었다.

동굴사자(판테라 스펠라이아)

북해나 인접 지역의 토사 퇴적층에서는 대형 사자의 화석들이 많이 발견되고 있다. 오늘날 버펄로, 얼룩말, 그리고 코끼리 무리가 사는 동아프리카의 초원 지대에서 사자를 흔히 목격할 수 있다. 이와 마찬가지로 동굴사자 역시 매머드 스텝에서 흔히 볼 수 있었을 것이다. 이들은 하이에나, 검치호랑이와 함께 매머드 스텝 먹이사슬의 최정점에 있었다.

동굴사자 판테라 스펠라이아와
검치호랑이 호모테리움 라티덴스의 비교

동굴사자가 유럽에 처음 나타난 것은 600,000년 전의 중기 플라이스토세로 거슬러 올라가지만, 네덜란드에서는 후기 플라이스토세부터 나타나기 시작한다. 동굴사자와 현생 사자의 계통적인 상관관계에 대해서는 지난 몇십 년 동안 많은 논란이 있었다. 일부에서는 이들이 계통적으로 현생 사자보다는 호랑이(판테라 티그리스)에 더 가깝다고 주장하기도 했다. 최근에 발표된 두개골과 DNA를 이용한 연구 결과에 따르면 판테라 스펠라이아는 분명히 사자의 한 계통이었던 것으로 보인다. 동굴사자는 지구상에 나타났던 모든 고양잇과 동물 중에서 가장 큰 체구의 포식자였다. 현생 고양잇과 동물 중에 가장 큰 종인 시베리아호랑이(판테라 티그리스 알타이카)보다 더 컸으며, 현생 사자에 비해서는 25%가량 더 컸다. 유럽에서 발견된 동굴 벽화들은 동굴사자를 갈기가 없으면서 꼬리 끝에 털이 난 모습으로 묘사하고 있다. 이들은 현생 사자와 마찬가지로 무리지어 사냥했을 것으로 짐작된다. 선사시대의 그림이나 조각품들에 근거할 때 동굴사자는 발칸반도 지역에서는 약 2,000년 전까지도 생존했던 것으로 보인다.

유럽에서 검치호랑이 호모테리움 라티덴스와 동굴사자 판테라 스펠라이아는 네안데르탈인이나 현생 인류와 함께 중기 플라이스토세의 같은 화석군에서 발견되었다. 비슷한 체구를 가진 검치호랑이와 동굴사자가 동시대의 같은 지역에서 서시했다는 사실은 이들이 생태적 위치나 사냥 방식, 그리고 먹잇감의 종류가 달랐다는 것을 의미한다. 호모테리움은 동굴사자와 직접적으로 대적하기에는 다소 역부족이었을 것으로 보인다. 호모테리움은 체중이 더 적게 나갈 뿐만 아니라 전체적인 체형도 다소 가냘프다. 앞다리는 동굴사자만큼 근육질이 아니었으며, 며느리발톱이 발달해 있었지만 다른 발톱들은 작았다. 이빨도 검치를 제외한다면 전체적으로 더 약했다. 동굴사자는 몸통의 높이는 비슷했지만 힘이 더 셌기 때문에 더 큰 먹잇감을 사냥할 수 있었을 것이다.

호모테리움과 동굴사자의 체구와 체형 차이는 복원된 모습과 전체적인 골격을 통해 보다 명확하게 이해할 수 있다. 호모테리움은 단검형의 긴 송곳니를 가지고 있으며, 전체적인 체형은 동굴사자에 비해 다소 가벼운 형태를 하고 있다. 등은 하이에나처럼 뒤쪽으로 가면서 기울어져 있으며 꼬리가 짧다.

후기 플라이스토세에 나타났던 호모테리움 라티덴스(위)와 판테라 스펠라이아(아래)의 전체 골격 및 외형 윤곽의 차이.

1. 짧은 허리 부분
2. 상대적으로 가는 위팔뼈
3. 아래쪽의 두께가 얇은 요골(아래팔뼈)
4. 짧고 억센 두상골
5. 비대칭이 덜한 두 번째 발가락뼈
6. 작은 발톱과 크게 발달한 며느리발톱
7. 짧은 뒤꿈치뼈
8. 낮고 짧은 거골(발목뼈)

출처 : Antón, Galobert & Turner, 2005

불곰, 동굴곰(우르수스 아르크토스, 우르수스 스펠라이아)

식육목의 일종인 곰의 화석도 북해와 인근 국가들에서 발견되었다. 플라이스토세의 곰 화석은 하이에나나 사자보다 훨씬 드물게 발견되고 있다. 수집된 골격을 보면 이들이 상당히 큰 체구의 동물이었다는 것을 알 수 있다. 두개골을 제외한 나머지 부분의 골격은 구분하기 어려울 정도로 비슷해서 골격 화석만 발견된 경우에는 종을 식별하기가 거의 불가능하다. 동굴곰 우르수스 스펠라이아의 두개골은 이마 부분이 불곰 우르수스 아르크토스에 비해 훨씬 높다.

늑대(카니스 루푸스)

북해에서 인양된 늑대의 화석들은 큰 개의 골격과 상당히 유사하다. 늑대는 후기 플라이스토세와 초기 홀로세에 걸쳐 크게 번성하였다. 이 지역에서 발견된 화석들의 연대는 9,000~7,000년 전으로 밝혀졌다. 북해 지역은 이때까지는 육지였지만, 이후 빙하가 녹아 해수면이 상승하면서 점차 바닷물로 채워지게 된다.

눈토끼(레푸스 티미두스)

그동안 북해 지역에서는 비버, 수달, 족제비, 오소리, 새 등 작은 동물들의 화석이 수집되었지만 그리 흔하게 발견되는 편은 아니다. 왜냐하면 작은 화석들은 낚시 그물에 걸리기가 어렵고, 일단 그물에 걸렸다고 하더라도 끌어올리는 과정에서 그물 사이로 빠져나갈 수 있기 때문이다. 눈토끼는 체구가 큰 산토끼의 일종으로서, 이들의 골격은 특징적인 형태 때문에 쉽게 식별해낼 수 있다. 현생 눈토끼는 겨울철에는 스라소니, 늑대, 여우 같은 포식자들에게 쉽게 발각되지 않도록 흰털로 털갈이한다. 북해 지역에서 발견된 화석을 통해 매머드 스텝에도 눈토끼가 살았다는 것을 확인할 수 있었다.

검치호랑이(호모테리움 라티덴스)

북해 지역에서 28,000년 된 호모테리움의 아래턱뼈를 발견한 이후, 우리는 이들이 후기 플라이스토세까지 살아남았다고 확신하게 되었다. 그동안 후기 플라이스토세의 호모테리움 화석이 발견되지 않았던 이유는 이들이 먹이사슬의 최상위를 차지하는 포식자로서 개체 수 자체가 적었기 때문일 것으로 생각된다. 매머드 스텝에는 호모테리움 외에도 여러 종류의 포식자가 살고 있었으며, 이들은 먹이사슬에서 비슷한 위치를 차지하고 있었다. 호모테리움의 개체 수가 적었던 이유는 포식자들 사이의 치열한 경쟁 때문이었을 수도 있다. 오늘날 세렝게티의 사바나에 서식하는 사자, 표범, 치타 등의 포식자들 역시 그 개체 수에서 상당한 차이를 보이고 있다. 여기에서 소개한 매머드 스텝의 동물들 대부분은 체구가 크고, 많은 화석 발견을 통해 그 존재를 명확하게 확인할 수 있었던 종들이다. 다만 호모테리움의 경우에는 단 하나의, 그렇지만 심층적으로 연구가 진행된 아래턱뼈 화석을 통해 이들 역시 후기 플라이스토세 매머드 스텝의 구성원이었다는 사실을 확인할 수 있었다.

동굴사자가 사냥한 먹잇감을 빼앗기지 않으려고 긴장하고 있다. 피 냄새를 맡고 온 호모테리움은 동굴사자와의 대결을 생각한다. 호모테리움 라티덴스 몇 마리가 함께 나선다면 판테라 스펠라이아 같은 더 강한 포식자를 대적할 수 있었을 것이다.

그림 : Remie Bakker

CHAPTER 12

호모테리움은 단독 생활을 했을까
아니면 무리지어 살았을까?

대부분의 고생물학자는 호모테리움이 단독 생활을 했던 포식자였다는 데 의견을 같이한다. 이런 추정은 현생 대형 고양잇과 동물의 생활 습성을 토대로 한 것이다. 오늘날 사자를 제외한 모든 고양잇과 동물은 단독 생활을 하며, 같은 종의 고양잇과 동물이 만나는 것은 발정기로 국한되는 것이 일반적이다. 또한 사자를 포함한 모든 고양잇과 동물의 수컷은 새끼를 키우는 데 전혀 가담하지 않는다. 그러나 2005년 안톤, 갈로버트, 터너 등의 학자들은 호모테리움이 작은 무리를 지어 사냥하는 포식자였으리라는 이론을 발표하였다. 호모테리움이 무리지어 사냥했을 것으로 보는 이유는 이들의 골격이 빠른 주행에 적합한 형태를 띠고 있기 때문이다. 특히 이런 특징은 호모테리움 라티덴스나 호모테리움 세룸의 가장 초기 형태에서 두드러진다. 현생 치타처럼 빠른 주행은 힘을 희생함으로써 얻어진다. 이들의 앞다리는 동굴사자나 동굴하이에나에 비해 더 가늘고 길며, 근육질이 아니므로 빠른 주행에 유리하지만 큰 먹잇감을 제압할 힘을 내기는 어려웠을 것으로 보인다. 따라서 호모테리움은 이런 약점을 무리지어 함께 사냥함으로써 극복했었을지도 모른다. 그러나 이들이 무리 생활을 한 것이 사실이라 하더라도 무리의 규모를 추정하기는 그리 쉽지 않다.

...먹잇감에 접근하여

현생 사자가 30마리 이상 무리를 형성하는 경우는 극히 드물다. 세 마리에서 다섯 마리 정도가 함께 사냥하는 것이 가장 효과적일 수 있다. 이 정도가 먹잇감의 무리 속에서 사냥꾼이 다치는 것을 최소화할 수 있는 마릿수일 것이다.

호모테리움은 고양잇과 동물의 전형적인 모습처럼 수풀 속에서 낮은 포복으로 몸을 숨기고 먹잇감에 최대한 가까이 접근했을 것이다. 그러나 치타나 하이에나처럼 더 개방된 장소에서 먹잇감을 쫓았을 수도 있다. 호모테리움은 먹잇감에 최대한 가까이 접근해 강한 발톱으로 쓰러뜨린 후 앞니와 긴 검치를 이용해 타격을 가했을 것이다. 무리 중 한두 마리는 먹잇감을 단단히 제압했고, 나머지 무리는 목이나 복부를 물어서 치명상을 가해 과다 출혈로 죽게 했을 것이다. 이들의 무리 생활을 추정하는 또 다른 근거는 기후 및 서식지 환경의 변화에서 찾아볼 수 있다. 플라이오세에서 플라이스토세로 이행될 무렵 숲이 무성한 서식지는 나무가 사라지고 풀이 자라는 넓은 초원 지대로 바뀌고 있었다. 이런 서식지의 환경 변화는 초식동물이나 포식자 모두에게 큰 충격이었을 것이다. 그나마 초식동물들은 먹이의 종류를 바꿈으로써 적응할 수 있었지만, 포식자는 훨씬 어려운 상황에 직면했을 것이다. 산림 지대에서의 사냥 기술로는 더 이상 넓은 초원 지대의 환경에 적응할 수 없었다. 숲이 없어짐으로써 포식자들은 초식동물들에게 더 쉽게 발각되었을 것이며, 이로 말미암아 포식자들 사이의 경쟁도 그만큼 더 치열해질 수밖에 없었을 것이다. 이와 같은 상황에서 살아남으려고 호모테리움은 무리를 지어 사냥에 나설 수밖에 없었을지도 모른다.

…무리를 지어

…먹잇감을 에워싸서

…목을 물어 치명상을 가하고

목을 물어 치명상을 가하고

140

…먹잇감이 탈진하여

…과다 출혈로 죽을 때까지

그림 : Remie Bakker.

현재 호모테리움의 단독 사냥을 지지하는 여러 가설 중에 가장 널리 받아들여지는 것은 이들이 치고 빠지는 습성을 가지고 있었다는 것이다. 즉, 호모테리움은 대형 초식동물의 복부를 공격해 치명상을 가한 후, 먹잇감의 반격을 피해 멀리 떨어져서 과다 출혈로 죽기를 기다린다는 것이다. 그러나 이런 설명은 그리 설득력이 있어 보이지 않는다. 개방된 초원 지대에서 쓰러진 먹잇감은 얼마 지나지 않아 다른 포식자들을 불러들였을 것이며, 따라서 애써 잡은 먹잇감을 동굴사자나 대형 하이에나, 그리고 다른 검치호랑이 같은 경쟁자들에게 쉽게 빼앗길 수 있기 때문이다. 그러므로 단독으로 사냥하는 습성은 그리 유리한 전략이 아니었을 것으로 보인다.

단독으로 사냥하는 현생 호랑이의 경우를 살펴보면 매복해 있다가 순간적으로 대형 먹잇감을 덮쳐서 쓰러뜨리는 사냥 습성을 가지고 있다는 것을 알 수 있다. 그러나 단검형 검치호랑이 호모테리움의 사지 형태나 전체적인 체형은 결과적으로 이와 같은 사냥 패턴과는 잘 들어맞지 않는 것으로 볼 수 있다. 오히려 무리지어 사냥하는 현생 늑대나 하이에나처럼 장거리를 지치지 않고 쫓아가서 먹잇감을 사냥하는 패턴이 더 적합해 보이기도 한다. 그러나 현재로서는 호모테리움이 어떠한 사냥 습성을 가지고 있었는지 명확히 결론 내리기는 어렵다. 앞으로 더 많은 화석의 발견과 심층적인 연구가 필요할 것으로 생각된다.

마지막으로 호모테리움의 생활 습성을 짐작할 수 있는 결정적인 증거는 미국 텍사스 주의 프리센한동굴에서 찾아볼 수 있다. 이곳에서는 새끼와 성체를 포함한 호모테리움 세룸의 골격이 여러 점 발견되었다. 모든 표본의 연대는 같았으며, 또한 동굴에서 발견된 화석 중 가장 연대가 늦은 것들이었다.

12.1 미국 텍사스 벡사 카운티의 프리센한동굴

호모테리움 화석과 관련된 가장 중요한 곳 중의 하나는 미국 텍사스 주의 프리센한동굴이다. 이곳에서는 호모테리움 세룸으로 판명된, 상당히 많은 양의 검치호랑이 화석들이 발견되었다. 동굴에서 많은 화석이 발견된다는 것은 이미 널리 알려진 사실이다. 동굴은 피난처나 서식처, 그리고 동면할 곳을 찾는 동물들에게는 상당히 매력적인 장소일 수밖에 없다. 샌안토니오 근방의 석회암 지대에 있는 프리센한동굴도 마찬가지였다. 오래전 이 동굴은 다양한 종류의 동물들, 특히 포식자들이 쉽게 접근할 수 있는 곳이었다. 포식자들은 사냥한 먹잇감을 다른 경쟁자들의 눈에 띄지 않도록 동굴 안으로 끌어와서 안전하게 먹을 수 있었다. 더구나 석회암 동굴 안에는 목을 축일 수 있는 작은 물웅덩이까지 있었기 때문에 많은 포식자는 이 동굴 안에서 생활하고 죽어갔던 것이다. 폭우가 쏟아지는 장마철에는 동굴 안으로 물이 범람하였고, 이 때문에 두꺼운 퇴적층이 죽은 동물의 뼈를 덮게 되었을 것이다. 이런 과정은 여러 번 반복되었으며, 결과적으로 동굴 안에는 동물의 골격을 포함하는 여러 겹의 퇴적층이 형성되었다. 이후 동굴의 입구는 물의 침식작용으로 점차 약해지다가 무너져 내렸고, 동굴은 동물이나 사람의 눈에 띄지 않은 채 수천 년 동안 동굴 안의 골격들을 온전히 보존할 수 있게 된 것이다. 동굴의 입구가 막힌 후 수천 년 동안 진행된 빗물의 화학적인 침식작용은 동굴의 천장 부분도 약화시켜서 무너지게 한다. 따라서 동굴의 천장 부분에는 새로운 입구가 생겼고, 동굴은 또다시 바깥세상으로 통하게 된 것이다. 프리센한동굴과 동굴 안의 후기 플라이스토세 화석군이 세상에 알려진 것은 1900년대 초였다. 그러나 당시에는 이 동굴의 중요성을 인식하지 못했다. 텍사스기념박물관 측은 고생물학자 에번스와 미드의 주도 하에 1949년에서 1951년까지 처음으로 이 동굴에 대한 체계적인 탐사를 진행하였으며, 그 결과로 다양한 종류의 많은 화석을 발견하였다.

호모테리움 세룸의
성체 두개골.

사진 : Timothy B. Rowe,
Vertebrate Paleontology
Laboratory, University
of Texas, Austin(USA)

프리센한동굴 안에서 골격을 보여주는 탐사 책임자 그레이슨 미드 박사.

그동안 이 동굴에서는 코요테(카니스 라트란스), 다이어울프(카니스 디루스), 그리고 검치호랑이 스밀로돈 파탈리스와 호모테리움 세룸 등의 포식자 화석들이 발견되었다. 이들 포식자는 몇 대에 걸치면서 프리센한동굴을 서식처로 사용했던 것으로 보인다. 발견된 화석 중 가장 눈에 띄는 것은 전체적인 형태가 유지된 채로 보존된 세 마리의 호모테리움 세룸 골격이었다. 이 중에 한 마리는 성체였고, 다른 두 마리는 새끼였다. 이와 같은 발견은 전례가 없던 일로, 그전까지는 오직 프랑스 세네즈 지역에서 발견된 한 개체의 골격만이 알려졌다.

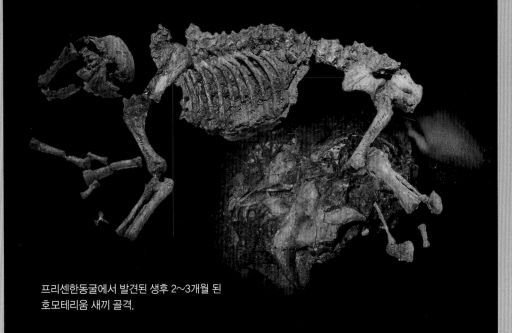

프리센한동굴에서 발견된 생후 2~3개월 된
호모테리움 새끼 골격.

프리센한동굴에서는 이 세 마리의 골격 외에도 최소한 30개체의 것으로 보이는 수백 점의 호모테리움 뼈가 발견되었다. 그러나 프리센한동굴이 우리의 시선을 끄는 이유는 엄청난 양의 화석뿐만 아니라 새끼와 늙은 개체의 화석들이 함께 발견되었기 때문이다. 이곳에서 발견된 어금니와 이빨 화석 중에는 어린 새끼의 유치가 많았으며, 또한 치아 마모가 심해 늙은 개체의 것으로 보이는 것들도 있었다. 그러나 거의 다 자란 새끼나 젊은 성체의 화석은 전혀 발견되지 않았다. 이런 발굴 현황은 다음과 같은 가능성을 시사한다고 볼 수 있다.

상당히 나이 든 개체는 죽을 장소를 찾아서 동굴 안으로 들어온 것으로 보이며, 어린 새끼들은 이유는 알 수 없지만 어미가 없어서 굶어 죽었던 것으로 짐작된다. 물론 거의 다 자란 새끼나 젊은 호모테리움들도 이 동굴을 이용했을 것이다. 그러나 이들은 이미 어미로부터 독립했거나, 아니면 자신이 직접 사냥해 먹이를 구할 수 있었기 때문에 동굴 안에서 죽는 일이 생기지 않았던 것으로 보인다.

프리센한동굴에서 수많은 호모테리움의 화석이 발견되었다는 것은 이들이 여러 세대에 걸쳐 이곳을 서식지로 사용했기 때문이라고 생각된다. 이 동굴에서는 호모테리움 외에도 매머드, 마스토돈, 곰, 바이슨, 말, 낙타, 맥, 사슴 등 다양한 동물의 화석들도 발견되었다. 그러나 일반적으로 이런 동물들은 동굴을 피난처로 사용하지 않는다. 따라서 호모테리움이나 다른 포식자들이 이들을 다른 데서 사냥한 후 이곳으로 끌어왔다고 보는 것이 타당할 것이다.

또한 이곳에서 발견된 매머드의 화석들은 이런 가정이 옳다는 것을 뒷받침한다. 이 동굴에서는 매머드 새끼의 화석은 441점이나 발견되었지만 다 큰 매머드의 화석은 오직 14점만이 발견되었을 뿐이다. 따라서 매머드는 이 동굴을 서식처로 삼은 것이 아니며, 포식자들이 어린 새끼만을 선택적으로 사냥하여 동굴 안으로 끌어왔다고 봐야 할 것 같다. 더구나 어린 새끼의 골격 중에는 탈골되거나 호모테리움 세룸의 것으로 보이는 이빨 자국이 남아있는 것들도 있었다.

Scimitar-toothed Cat
Homotherium serum
(~4 month-old individual)
Skeleton
Pleistocene
Bexar County, Texas
TMM 933-3235

CHAPTER 13

사람과 호모테리움의 만남

북해 지역에서 발견된 호모테리움의 아래턱뼈는 이 단검형 검치호랑이가 후기 플라이스토세 당시 서유럽 지역 화석군의 일원이었다는 것을 말해준다. 아울러 우리는 구석기시대의 원시인들도 이 화석군의 일원이었다는 것을 알고 있다. 물론 검치호랑이와 원시인이 서로 대면했다는 직접적인 증거는 아직 발견되지 않았지만, 그러했을 가능성은 상당히 커 보인다.

13.1 화석 기록

원시인과 검치호랑이가 동시대에 살았다는 화석 증거들은 동유럽 그루지야공화국의 마니시 지역, 중국의 저우커우톈(周口店, 북경 남서쪽의 소도시로 베이징 원인이 발견된 곳), 그리고 아프리카의 몇 곳에서 발견되었다. 약 170만 년 전으로 추정되는 이들 지역의 초기 플라이스토세 지층에서는 원시인류와 호모테리움의 화석, 그리고 사람이 만든 조각품들이 함께 발견된 것으로 알려졌다. 원시인과 호모테리움 사이에 어떤 상호관계가 있었는지는 알 수 없지만, 이들이 동시대의 같은 지역에 산 적이 있었다는 것은 분명하다. 이들은 상호 간에 아무런 이해관계 없이 살았을지도 모른다. 사람이 호모테리움의 먹잇감이었을 수도 있다. 상황에 따라서는 사람이 호모테리움을 뒤쫓아가 호모테리움이 잡은 먹이를 훔쳤을 수도 있을 것이다. 이것이 아니라면 사람과 호모테리움은 죽은 동물의 사체와 같은 사냥감을 놓고 늘 대립하는 적극적인 경쟁자였는지도 모른다.

13.2 동굴 벽화의 기록

사람과 빙하기시대 다른 동물들의 직접적인 상호관계를 밝혀주는 증거들은 유럽과 다른 지역의 동굴들에서 찾아볼 수 있다. 이들 동굴에서는 후기 구석기 시대 원시인들이 그린 벽화뿐만 아니라 동물의 뼈나 뿔, 그리고 매머드의 상아를 이용해 만든 조각품들이 발견되었다. 이런 원시인들의 예술품은 35,000~10,000년 전에 제작된 것으로 추정된다. 유럽의 남서부에서는 동굴 벽화가 집중적으로 발견되었다. 특히 스페인 북서부의 알타미라동굴, 그리고 프랑스 아르데슈 지방의 그리말디동굴과 도르도뉴 지방의 라스코동굴은 널리 알려졌다. 이들 동굴의 벽화는 천연 염료를 사용해 그린 것으로, 주로 대형 스텝바이슨이나 스텝말, 그리고 사슴 등을 창으로 찔러 사냥하는 장면들을 실감나게 묘사하고 있다. 대형 털매머드를 그린 경우도 드물지 않지만, 동굴사자 같은 대형 포식자를 묘사한 그림은 거의 찾아보기 어렵다.

구석기 시대 동굴 벽화에서 포식자의 그림이 드물게 발견되는 이유는 포식자의 개체수 자체가 적었기 때문일 수 있을 것이다. 또한 같은 먹이를 대상으로 하는 경쟁자로서 사자는 원시인들에게 아주 성가신 존재였기 때문일 수도 있다. 그러나 포식자의 그림이 아주 적음에도 불구하고 프랑스의 수의사 미셸 루소는 1967년 포식자를 묘사한 선사시대의 동굴 예술품 81점에 대한 연구 결과를 발표한 바 있다. 그리고 포식자 대부분은 동굴사자인 것으로 판명되었다.

1970년 브라티슬라브 마자크는 포식자를 묘사한 선사시대의 조각품에 대한 새로운 견해를 제시하였다. 그가 언급한 것은 발견된 장소의 이름을 따라 '이스투리츠 조상'이라 불리던 작은 돌 조각품이었다. 길이는 160mm 정도였으며 연대는 약 30,000년 전으로 추정되었다. 이 조각품이 처음 발견된 것은 1896년이지만 1900년대 초 원본이 분실되었기 때문에 그는 프랑스의 성직자이면서 고고학자였던 헨리 브로이어의 논문에 실린 그림을 토대로 연구를 진행하였다. 이 그림에서는 고양잇과 동물의 특징들이 발견되었다. 마자크는 턱의 앞쪽 부분이 깊게 들어가 있고 꼬리가 짧은 것은 단순히 예술가의 직감에 의해서 표현된 것이 아니라 검치호랑이 호모테리움을 정확하게 묘사한 결과라고 주장하였다. 당시 호모테리움은 수십만 년 전에 멸종된 것으로 생각하고 있었으며, 또한 원본 자체가 분실된 상태였기 때문에 마자크의 이론은 상당히 부정적으로 받아들여질 수밖에 없었다. 그러나 당시에도 스웨덴의 고생물학자 비요른 쿠르텐처럼 호모테리움이 후기 플라이스토세까지 생존했다고 주장하는 학자들이 없었던 것은 아니다. 최근 북해 지역에서 호모테리움의 아래턱뼈가 발견됨에 따라 마자크와 쿠르텐의 주장이 보다 현실감 있게 받아들여지고 있다.

이 시점에서 우리는 마자크의 주장보다 훨씬 앞서 영국 로빈후드동굴에서 발견된 호모테리움의 송곳니 화석에 대해 검토해보고자 한다. 후기 플라이스토세의 것으로 추정되는 이 검치 화석에서는 사람이 조작한 것으로 보이는 흔적들이 발견되었다. 따라서 영국에서는 호모테리움이 유물 속의 표현 대상으로 살아남았다는 것을 의미한다고 볼 수 있다. 또한 마자크의 해석에 대해 보다 진지한 검토가 필요할 수도 있을 것이다. 어쨌든 마자크의 주장이나 로빈후드동굴의 유물, 그리고 북해에서 발견된 호모테리움의 아래턱뼈 등은 검치호랑이가 후기 플라이스토세 무렵까지 생존했을 가능성이 크다는 것을 말해준다.

13.3 조우

이런 증거들에 근거할 때 호모테리움은 서유럽에서 플라이스토세가 끝날 무렵까지 생존했던 것으로 보인다. 따라서 후기 구석기 시대의 원시인과 호모테리움이 만났을 것이라는 상상은 더는 부자연스러운 일이 아니다. 문제는 이들이 서로 대면했다면 구체적으로 어떤 일이 일어났을 것인가 하는 데 있다.

먹이사슬에서 최상위 포식자는 매우 적으며, 더구나 고양잇과 동물은 그중 일부일 뿐이다. 화석 발견에 근거할 때 호모테리움의 개체수는 상당히 적었을 것으로 추정된다. 또한 당시의 인구 역시 상당히 적은 편이었기 때문에 이들이 만날 기회는 아주 드물었을 것이다.

호모테리움은 사냥한 먹잇감에 원시인들이 접근하게 되면 이들을 위협하여 쫓아버렸을 가능성이 매우 크다. 원시인들이 호모테리움에 대적할 수 없었다는 것은 의심의 여지가 별로 없다. 이들은 호모테리움에게 잡아먹히지 않으려고 필사적으로 도망쳤을 것이며, 요행히 살아남게 되면 상당한 허풍과 함께 부족 내의 영웅으로 떠올랐을 것이다.

농업이 시작된 것은 약 10,000년 전으로, 그전까지 원시인과 검치호랑이는 잠정적인 경쟁자일 수밖에 없었을 것이다. 단독으로는 결코 호모테리움에 대적할 수 없었겠지만, 원시인 무리는 점차 이들을 쫓아버릴 수 있는 전략을 가질 수 있게 되었을 것이다.

한 마리의 호모테리움 라티덴스가
크로마뇽인이 머물렀던 야영 장소를
호기심 어린 눈빛으로 살펴보고 있다.

그림 : Remie Bakker

이와 같은 원시인과 호모테리움의 조우 시나리오는 오늘날 초원이나 사바나 지대에서 초보적인 무기만으로 사냥하는 원시 부족의 생활상이나 이들의 영웅담에 근거한 것이다. 원시 부족에게 포식자들은 상당히 위협적인 대상이다. 더구나 단독으로 대형 고양잇과 동물들을 대적한다는 것은 위험천만한 일로서 때로는 생명을 잃는 경우가 발생하기도 한다.

인류는 지난 수만 년 동안 지구상의 다른 어떤 동물들보다도 빠르고 성공적으로 발전해 왔다. 인간들은 수많은 도구와 장치들을 발명해 왔으며 이 덕분에 모든 생명체를 지배하는 최상위의 위치를 확보할 수 있었다. 또한 인간들은 그들을 위협하는 포식자나 경쟁자, 그리고 사냥감들을 가혹하게 제압해 왔다. 가축과 가족을 보호하려고 늑대, 스라소니, 호랑이 같은 위협적인 동물들을 닥치는 대로 사냥해 왔으며 그 결과 이들은 거의 멸종의 위험에 직면하게 되었다. 결과적으로 이런 포식자들은 사람의 손길이 닿지 않는 산간 오지나 밀림 속으로 밀려나게 되었으며, 이제는 흔히 만날 수 있는 위협적인 존재가 되지 못하고 있다. 이처럼 인간의 지배는 종의 멸종을 가져올 정도로 아주 심각한 위협이 되어 왔다. 우리는 조만간 이 멋진 동물들을 더는 볼 수 없게 될지도 모른다.

13.4 원시인과 호모테리움이 사냥한 먹잇감

앞서 언급한 것처럼 호모테리움은 자신의 체중보다 몇 배 더 나가는 대형 동물들을 사냥할 능력을 갖추고 있었다. 체중 250kg 정도의 호모테리움은 체중 1,000kg 이상의 큰 동물들을 사냥할 수 있었을 것이다. 현생 사자의 신진대사에 근거할 때 호모테리움 한 마리는 하루에 9kg 정도의 고기를 먹었을 것으로 추정된다. 만약 이들이 무리를 이루었고, 또한 다시 와서 남은 먹이를 먹었다고 가정하더라도 많은 양의 고기가 남을 수밖에 없다. 그러나 넓은 초원 지대에서 남은 먹잇감이 하이에나나 독수리 같은 청소동물, 그리고 원시인들의 눈에 띄지 않고 오랫동안 보존될 수는 없었을 것이다. 특히 호모테리움이 남긴 먹잇감을 발견한 원시인들은 고기를 모두 먹어치우거나 가져갔을 것이다. 원시인들은 먹잇감을 사냥했거나, 먹잇감을 다시 먹으러 돌아온 호모테리움을 쫓아내려고 생명을 건 위험을 감수했을지도 모른다. 아니면 이들은 호모테리움이 먹잇감을 다 먹고 사라질 때까지 오랜 시간을 기다렸을 수도 있다. 어쨌든 고기나 골수 성분은 원시인들의 가장 중요한 영양원이었음은 분명하다.

CHAPTER 14

검치호랑이의 복원: 호모테리움은 어떻게 생겼을까?

고생물학자들의 궁극적인 목표 중 하나는 멸종 동물의 생존 당시 모습과 서식 환경을 복원해 내는 것이지만, 그리 쉬운 작업은 아니다. 때로는 발견된 화석 자체가 거의 없어서 상당 부분을 상상에 의존하기도 한다. 정확하고 현실적인 복원은 화석 기록이 충분해야 가능하다. 예를 들어서 털매머드와 털코뿔소의 골격은 아주 많이 발견되었으며, 이는 정확한 복원의 출발점이 되었다. 후기 구석기시대의 원시인들이 남긴 동굴 벽화나 조각품들이 멸종 동물의 복원에 도움을 주기도 하지만, 이런 작품들에는 예술가들의 주관적인 해석이 반영될 수밖에 없었을 것이다. 극히 뛰어난 보존 상태의 화석들이 발견되기도 한다. 늪이나 수렁에 빠져 죽으면 산소가 희박한 산성 환경 때문에 수천 년 동안 부패 없이 온전히 보존되어 탄화 미라 상태로 발견되기도 한다. 또한 영구 동토층에서 냉동 건조 상태로 발견된 미라는 피부, 털 등의 연부 조직까지 그대로 보존되어 생존 당시 모습의 복원에 결정적인 도움이 된다. 조각가이자 화가인 레미 바커르는 시베리아에서 발견된 유카기르매머드의 미라를 토대로 매우 정밀한 복원 모델을 만든 바 있다. 그의 작품은 매우 훌륭해 마치 살아있는 동물을 보는 듯한 느낌이 든다.

14.1 예술가에 의한 스튜디오 작업

검치호랑이의 복원은 화석 기록이 적기 때문에 매머드의 경우만큼 수월하지는 않다. 특히 북해에서 발견된 호모테리움 라티덴스의 복원은 더욱 어려웠다. 호모테리움의 경우는 유럽 지역에서 발견된 화석 자체가 적으며, 영구동토층에서 미라 형태로 발견된 예도 없다. 더구나 이들을 그린 동굴 벽화는 전혀 발견되지 않았으며, 이들을 묘사한 원시인의 조각품도 논란이 되는 '이스투리츠 조상'의 그림만이 유일하게 남아있는 실정이다. 따라서 호모테리움의 정확한 복원은 레미 바커르에게는 커다란 도전이 아닐 수 없었다. 호모테리움 라티덴스의 골격 형태는 이미 널리 알려졌으며, 많은 복원 모델이 제작된 란초 라 브레아 타르 못의 스밀로돈 파탈리스와는 많이 다르다. 스밀로돈 파탈리스는 짧은 다리와 긴 등, 그리고 매복했다가 사냥감을 덮치는 사냥 습성을 가진 전형적인 포식자로서 호모테리움 복원의 직접적인 모델로 삼기는 어려웠다. 또한 따뜻한 지역에 살던 북미의 스밀로돈과 달리 호모테리움은 추운 스텝 지역에 살았기 때문에 많은 차이점이 있었을 것으로 추정된다. 먼저 털가죽의 색깔이나 형태가 달랐을 것이다. 일반적으로 따뜻한 기후 조건의 서식지에 사는 고양잇과 동물은 노란색이나 갈색을 띠기 때문에 스밀로돈 역시 대부분 갈색 털을 가진 모습으로 복원된다. 호모테리움의 털가죽도 스밀로돈과 비슷한 모습으로 복원되는 경우가 흔하다. 그러나 과연 이런 모습이 옳은 것일까? 추운 지역에 사는 늑대나 스라소니, 설표 등은 회색에 가까운 털을 가지고 있기 때문이다.

복원 작업은 전문가들의 도움을 받아서 실제 크기의 1:10 비율로 모델을 제작하는 것으로부터 시작하였다. 첫 번째 모델은 턱을 약간 벌려서 검치를 노출한 상태로 걷는 모습으로 제작되었으며, 두 번째 모델은 머리를 들고 턱을 벌린 상태로 쉬고 있는 형태로 제작되었다. 두 모델 모두 앞다리를 튼튼한 형태로 만들었으며, 서 있는 모델에서는 뒤쪽으로 기울어진 등의 모습을 나타내었다. 머리의 모습에도 검치호랑이의 전형적인 특징들을 반영하였다. 특히 아래턱은 화석 기록을 통해 얻은 정보를 벗어나지 않는 범위에서 가장 튼튼한 모습으로 제작하였다.

전문가들의 검증을 거치고 나서, 다음 단계로 실제 크기의 복원 모델 제작에 착수하였다. 검치호랑이의 전형적인 모습이 더 효과적으로 표현되어 있다고 판단되었기 때문에, 실제 크기의 모델 제작에는 앞서 제작된 소형 모델 중에 서 있는 모습이 채택되었다. 먼저 두개골 복제 모델을 참조로 하여 합성수지를 이용해 머리 부분을 제작하였다. 두개골의 복제 모형은 화석화 과정 중에 퇴적층의 압력에 의해 다소 눌린 형태를 하고 있었지만, 다행스럽게도 참고할 만한 다른 화석 표본들이 있었기 때문에 전체적인 머리 부분 복원에는 큰 어려움이 없었다. 레미 바커르는 일단 점토를 이용해 근육과 연부 조직을 만들었으며, 이를 주형으로 하여 다시 폴리에스테르로 제작하였다. 전신의 형태나 비율은 그동안 발견된 화석 골격들을 기초로 결정되었다. 물론 전신 골격과 두개골의 크기 비율을 맞추는 것은 전체적인 복원 모습에 큰 영향을 미치는 중요한 작업이다. 다음으로, 전체적인 자세와 골격 비율에 따라 기본적인 철제 틀을 만든 후 여기에 우레탄 폼을 덧붙였다. 이어서 점토를 이용해 앞다리는 억센 모습으로, 그리고 뒷다리는 짧은 형태로 만들었으며, 예술가들은 점토로 제작된 다리 모형을 주형으로 하여 폴리에스테르를 이용해 사지를 완성하였다. 몸통과 사지는 머리 부분을 만들 때와 거의 같은 과정을 거쳐 제작되었다.

턱을 벌려 인상 쓰는 모습으로
복원된 호모테리움 라티덴스의
안면 근육.

그림 : Remie Bakker

부분적으로 제작된 각 부분을 조립하여 전체적인 형태를 완성한 후 전문가의 검증을 거쳤으며, 이어서 털을 붙이는 작업을 진행하였다. 조심스럽게 선별된 인조 털을 풀로 붙여 나갔는데, 처음에는 모든 털의 길이가 같고 너무 길어서 사실적으로 보이지 않았지만 털을 각 부분에 맞춰서 적당한 길이로 깎아나가면서 점차 사실적인 모습이 드러나기 시작했다.

마지막으로 세부 손질 작업은 8주에 걸쳐 진행되었다. 호모테리움의 전형적인 모습을 표현하려고 부분적인 털의 색을 맞춰 나갔으며 수염을 현실감 있게 보이도록 한 올 한 올 직접 심어 넣었다. 아울러 눈동자의 색과 꼬리의 길이를 맞췄으며, 아크릴로 제작된 커다란 발톱들을 정교하게 붙여 넣어서 각 부분과 전체적인 모습이 전문가의 기준에 들어맞도록 하였다.

복원 모델의 제작 과정… 모든 과정은 화석 기록으로부터 출발하였으며, 오랫동안의 노력 끝에 놀라울 정도로 현실감 있는 선사시대의 포식자를 재현해낼 수 있었다.

사진 : René Bleuanus & Remie Bakker

최종적으로 실물 크기의 호모테리움 복원 모델은 매우 현실감 있는 모습으로 완성되었다. 어깨 높이는 1.07m였으며, 코 끝에서 꼬리 끝까지의 전체 길이는 1.88m였다. 털가죽은 전체적으로 회색빛을 띠면서 부분적으로 검은색 줄무늬가 있는 모습으로 재현하였다. 이는 앞서 언급한 것처럼 설표, 늑대, 스라소니 등 추운 지역에 서식하는 포식자들의 털가죽 특징을 반영한 것이다. 재현된 호모테리움을 거친 풀이 자라난 저지대 모래 언덕의 배경 안으로 합성하여 넣었을 때, 우리는 도도한 아름다움을 느낄 수 있었다. '북해의 진주'가 다시 매머드 스텝으로 돌아온 것이다.

실물 크기로 재현된 호모테리움 라티덴스의 복원 모델(사진 및 모델 제작 : Remie Bakker).

옮긴이의 글

개인적으로 번역을 썩 좋아하지 않는다. 원저자와 역자의 견해가 다를 수 있으며, 또한 저자의 엄청난 노력에 편승하고픈 생각이 없기 때문이다. 그럼에도 불구하고 이 책의 번역을 맡게 된 것은 저자 중의 한 명인 빌리 판 로헴과의 친분에서 비롯되었다. 역자는 검치호랑이와 관련된 논문과 책을 발표한 바 있다. 그런데 어느 날 네덜란드에서 보내온 한 통의 이메일을 받았다. 빌리한테 온 메일이었는데, 그는 인터넷을 통해 역자의 논문을 발견하였고 의견교환을 원한다는 내용이었다. 이후 인터넷을 통한 교류가 있던 중에 네덜란드어로 출판된 『북해의 검치호랑이DE SABELTANDTIJGER UIT DE NOORDZEE』 책 한 권을 선물로 받게 되었다. 물론 읽을 수는 없었지만, 책을 보고 나서 놀라움이 컸다. 그동안 고생물학과 관련된 많은 책을 접했지만 이만큼 아름다운 책은 본 적이 없었다. 또한 이런 책이 우리에게 다소 생소한 네덜란드에서 출판되었다는 사실 역시 놀라움으로 다가왔다. 이 책을 번역하게 된 것은 저자와의 친분 때문만은 아니었다. 책의 내용이나 구성이 아주 뛰어날 뿐더러 많은 독자가 편하고 흥미롭게 읽을 수 있을 것으로 판단되었기 때문이다. 부분적으로, 특히 검치호랑이의 사냥 방식과 관련해서 역자는 약간 다른 견해를 가지고 있기는 하다. 하지만 검치호랑이에 국한한다면 이만큼 알찬 책은 없지 않을까 생각된다.

이 책에서는 화석의 발굴에서부터 복원에 이르는 모든 과정을 자세히 소개하고 있다. 그러나 세계적인 권위자만이 이 과정에 참여한 것은 아니다. 해저에서 화석을 인양한 어부들로부터 아마추어 고생물학자, 예술가, 그리고 세계적인 권위자 모두가 한 팀이 되어서 이루어낸 성과인 것이다. 또한 이 책은 우리에게 다소 낯선 네덜란드에서 처음 출판되었다. 고생물학의 저변이 그리 넓지 않은 국내의 여건에 시사하는 바가 크다고 생각한다. 국내에서도 고생물학자는 물론이거니와 학생, 동호인, 아마추어 등 고생물학을 사랑하는 다양한 분야의 사람들이 더욱 자유롭게 의견을 교환하며 고생물학에 대한 관심을 키워갈 수 있기를 기대한다.

이 책은 다양한 독자층을 대상으로 한다. 따라서 될 수 있는 대로 해부학적인 전문 용어 대신에 쉬운 표현을 선택하였다. 또한 본문 중에 영어나 라틴어 학명의 사용을 최대한 자제하였으며, 그 대신 라틴어 학명은 책의 뒷부분에 학명 색인을 통해 소개하였다. 학명의 우리말 표기는 가급적 라틴어의 발음에 따랐지만 영어권의 발음이 더 친숙하다고 생각되는 경우에는 약간의 변화를 주었다. 예를 들어서 Pseudaelurus는 '프세우다일루루스' 대신에 슈다일루루스로, Xenosmilus는 '크세노스밀루스' 대신에 '제노스밀루스' 로 표기하였다. 검치호랑이의 분류에 있어서, 한국동물분류학회Korean Society of Systematic Zoology에서는 tribe를 '족' 으로 표기하고 있지만 이 책에서는 더 정확한 의미 전달을 위해 '근속' 으로 번역하였다.

마지막으로 지면을 통해 원고를 꼼꼼하게 교정해주신 유창훈 선생님께 깊은 고마움을 표한다. 유창훈 선생님은 연세대학교 지질학과를 나오신 분으로 현재 인터넷의 블로그http://conodont.egloos.com를 운영하면서 고생물학과 관련된 많은 내용을 소개하고 있으며, 또한 그동안 잘못 알려졌던 내용이나 용어를 고치는 작업을 진행하고 있다. 아울러 번역 출판을 흔쾌히 맡아주신 시그마북스의 강학경 사장님께도 감사의 마음을 전한다. 이 책은 영문 원고를 기초로 번역된 것으로, 이 책을 다른 나라에 앞서 국내의 독자들과 먼저 공유할 수 있다는 것은 개인적으로 큰 기쁨이며, 또한 국내 고생물학의 저변 확대와 학문적인 진일보의 계기가 되기를 기대해 본다.

2010년 10월
송지영

참고문헌

Adam, K. D., 1961. Die Bedeutung der pleistozänen Säugetier-Faunen Mitteleuropas für die Geschichte des Eiszeitalters. Stuttgarter Beiträge zur Naturkunde, 78: 1-34.

Agusti, J. & Antón, M., 2002. Mammoths, Sabertooths and Hominids: 65 million Years of Mammalian Evolution in Europe. Columbia University Press, New York: 1-313.

Antón, M. & Galobert, A., 1999. Neck function and predatory behaviour in the scimitar toothed cat Homotherium latidens (Owen). - Journal of Vertebrate Paleontology, 19(4): 771-784.

Antón, M., Galobert, A. & Turner, A., 2005. Co-existence of scimitar-toothed cats, lions and hominins in the European Pleistocene. Implications of the post-cranial anatomy of Homotherium latidens (Owen) for comparative palaeoecology. Quaternary Science Reviews, 24: 1287-1301.

Antón, M. Salesa, M.J., Morales, J. & Turner, A., 2004. First known complete skulls of the scimitar-toothed cat Machairodus aphanistus (Felidea, Carnivora) from the Spanish Late Miocene site of Batallones-1. - Journal of Vertebrate Paleontology, 24(4): 957-969.

Backhouse, J., 1886. On a mandible of Machaerodus from the Forest-bed. - Quarterly Journal of the Geological Society, 42: 309-312.

Ballesio, R., 1963. Monographie d'un Machairodus du gisement Villafranchien de Senèze: Homotherium crenatidens Fabrini. - Trav. Lab. Géol. Lyon, N.S., no. 9: 1-129.

Braber, F.I., Mol. D. & De Vos, J., 1999. On mastodon remains from the Netherlands: an overview. - in: Reumer J. W.F. and De Vos, J. (eds), 1999. Elephants have a snorkel! Papers in honour of Paul Y. Sondaar. - Deinsea 7: 55-65.

Burger, J., Rosendahl, W., Loreille, O., Hemmer, H., Eriksson, T., Götherström, A., Hiller, J., Collins, M.J., Wess, T. & Alt, K.W., 2004. Molecular phylogeny of the extinct cave lion Panthera leo spelaea. - Molecular Phylogenetics and Evolution, 30: 841-849.

Dawkins, W.B. & Sandford, W.A., 1864-1871. The British Pleistocene Mammalia: Part I - IV (Felidae). - Palaeontographical Society, 1-194.

Dawson, M.R., Stucky, R.K., Krishtalka, L. & Black, C.C., 1986. Machaeroides simpsoni, new species, oldest known sabertooth creodont (Mammalia), of the Lost Cabin Eocene. - Contributions to Geology, University of Wyoming, Special Paper 3: 177-182.

De Vos, J., Mol, D. & Reumer, J.W.F., 1995. Early Pleistocene Cervids from the Oosterschelde (the Netherlands) with a revision of the cervid genus Eucladoceros Falconer, 1868. - Deinsea, 2: 95-121.

De Vos, J., Mol, D. & Reumer, J.W.F., 1998. Early Pleistocene mammalian remains from the Oosterschelde or Eastern Scheldt (Province of Zeeland, The Netherlands). - in: Th. van Kolfschoten & P.L. Gibbard (eds.), The Dawn of the Quaternary. Proceedings of the SEQS-EuroMam symposium 1996. Mededelingen Nederlands Instituut voor Toegepaste Geowetenschappen TNO, 60: 173-186.

De Vos, J. & Mol, D., 1997. Een hyena van zo'n twee miljoen jaar oud in de Schelde Vallei. - Mededelingenblad Stad en Lande 34e jaargang, oktober 1997, no. 90: 6-10.

Galobart, A., Pons-Moya, J., Antón, M. & Maroto, J., 2003. Descripción del material de Homotherium latidens (Owen) de los yacimientos del Pleistoceno inferior de Incarcal (Girona, NE de la Península Ibérica). - Paleontologia I Evolució, 34: 99-141.

Haines, T., 2001. Walking with beasts - een prehistorische safari. Tirion Uitgevers, Baarn: 1-264.

Hemmer, H., 2001. Die Feliden aus dem Epivillafranchium von Untermassfeld. – In: Kahlke, R.-D. (Hrsg.) Das Pleistozän von Untermassfeld bei Meiningen (Thüringen). Teil 3 - Monographien des Römisch-Germanischen Zentralmuseums Mainz, Band 40 (3): 699-782.

Hemmer, H., 2003. Pleistozäne Katzen Europas - eine Übersicht. Cranium, 20 (2): 6-22.

Hemmer, H., 2004. Notes on the ecological role of European cats (Mammalia: Felidae) of the last two million years. - in: Baquedano, E., Rubio Jara, S. (eds.), 2004. Miscelánea en homenaje a Emiliano Aguirre, Vol. II. - Paleontología: 214-232.

Hendey, Q.B., 1974. The late Cenozoic Carnivora of the south-western Cape Province. - Annals of the South African Museum, 63: 1-369.

Hoek Ostende, L.W. van, Morlo, M. & Nagel, D., 2006. Fossils explained 52 - Majestic killers: the sabre-toothed cats. - Geology Today, 22 (4): 150-157.

Hooijer, D.A. 1962. The Sabre-toothed cat Homotherium found in the Netherlands. - Lutra, 4: 24-26.

Jefferson, G.T. & Tejada-Flores, A.E., 1993. The Late Pleistocene Record of Homotherium (Felidea: Machairodontinae) in the Southwestern United States. - Paleobios, 15 (13): 37-46.

Kahlke, R.-D., 1999. The History of the Origin, Evolution and Dispersal of the Late Pleistocene Mammuthus-Coelodonta Faunal Complex in Eurasia. - Mammoth Site of Hot Springs, South Dakota, 1-219.

Kurtén, B., 1968. Pleistocene Mammals of Europe. - Weidenfeld & Nicolson, London: 1-317.

Kurtén, B. & Anderson, E., 1980. Pleistocene mammals of North America. - Columbia University Press, New York: 1-442.

Lynch, J. & Barrett, L., 2003. De eerste stappen van de mens, Oog in oog met onze voorouders (Walking with Cavemen). Fontaine Uitgevers, Abcoude: 1-224.

Marean, C.W., 1989. Sabertooth cats and their relevance for early hominid diet and evolution. - Journal of Human Evolution 18 (6): 559-582.

Martin, L.D., 1980. Functional morphology and the evolution of cats. - Transactions of the Nebraska Academy of Sciences, 8: 141-154.

Martin, L.D., Babiarz, J.P., Naples, V.L. & Hearst, J., 2000. Three ways to be a saber-toothed cat. - Naturwissenschaften, 87: 41-44.

Mazak, V., 1970. On a Supposed Prehistoric Representation of the Pleistocene Scimitar Cat, Homotherium Fabrini, 1890 (Mammalia; Machairodontinae). - Zeitschrift für Säugetierkunde, 35 (6): 359-362.

Merriam, J.C. & Stock, C., 1932. The Felidae of Rancho la Brea. - Carnegie Museum of Natural History Special Publication, 422: 1-231.

Mol, D., 1991. Het ijstijdlandschap van de zuidelijke Noordzee. Grondboor & Hamer, 45 (1): 9-13.

Mol, D., 2003. Bewijs komt van de bodem van de Noordzee. Sabeltandtijger leefde in Europa nog in het Laat-Pleistoceen. Straatgras 15 (1/2): 9-11.

Mol, D. & Van Essen, H., 1992. De mammoet; sporen uit de ijstijd. - BZZTOH, Den Haag: 1-139.

Mol, D. & De Vos, J., 1995. De hyena uit de Oosterschelde. Grondboor en Hamer, 49 (6): 139-149.

Mol, D. & De Vos, J., 1995. Korren op de Oosterschelde; een zoogdier paleontoloog als visser en wat de fossielen van de Ooster-schelde ons vertellen. - Grondboor en Hamer, 49 (3/4): 57-61.

Mol, D., Van den Bergh, G.D. & De Vos, J., 1999. Fossil proboscideans from the Netherland, the North Sea and the Oosterschelde Estuary. in: G. Haynes, J. Klimowicz & J.W.F. Reumer. Mammoths and the Mammoth Fauna: Studies of an Extinct Ecosystem. Proceedings of the First International Mammoth Conference St. Petersburg, Russia, October 16-21, 1995. - Deinsea, 6: 119-146.

Mol, D., De Vos, J. & Reumer, J.W.F., 1999. Praeovibos priscus (Bovidae, Artiodactyla, mammalia) from the North Sea and aspects of its paleoecology - in: Reumer J. W.F. and De Vos, J. (eds), 1999. Elephants have a snorkel! Papers in honour of Paul Y. Sondaar. Deinsea, 7: 223-232.

Mol, D., Oosterbaan, A. & De Vos, J., 2004. De Wolharige neushoorn; een dier van de mammoetsteppe. - Uitgave van de Neushoornstchting Nederland te Leiden: 1-32.

Mol, D., Schouwenburg, C. & Van Logchem, W., 2007. Het 12de Internationale Grottenbeer Symposium in Macedonië, Griekenland. Cranium, 24 (1): 42-64.

Owen, R., 1846. A history of British mammals and birds. – John van Vaarts, London, Paternoster Row, 1-560 (174-183).

Post, K., Mol, D., Reumer, J.W.F., De Vos, J. & Laban, C., 2001. Een zoogdierfauna met twee (?) mammoetsoorten uit het Bavelien van de Noordzeebodem tussen Engeland en Nederland. - Grond-boor en Hamer, 55 (6): 2-22.

Rawn-Schatzinger, V., 1992. The Scimitar Cat Homotherium serum Cope - Osteology, Functional Morphology and Predatory Beha-vior. - Illinois State Museum Reports of Investigations, No. 47: 1-80.

Reumer, J.W.F., Rook, L., Van der Borg, K., Post,K., Mol, D. &

De Vos, J., 2003. Late Pleistocene survival of the Saber-Toothed Cat Homotherium in Northwestern Europe. - Journal Vertebrate Paleontology, 23 (1): 260-262.

Rousseau, M., 1967. Les grands félins dans l'art de notre préhistoire. Picard, Paris: 1-195.

Schaub, S., 1925. Ueber die Osteologie von Machaerodus cultridens Cuvier. - Eclogae Geologicae Helvetiae, 19 (1): 255-266.

Seidensticker, J. & Lumpkin, S., 1992. Katachtige roofdieren. M & P Uitgeverij, Weert: 1-240.

Sotnikova, M. & Nikolskiy, P., 2006. Systematic position of the cave lion Panthera spelaea (Goldfuss) based on cranial and dental characters. - Quaternary International, 142-143: 218-228.

Stuart, A. J., 1982. Pleistocene Vertebrates in the British Isles. Longman, London: 1-212.

Tournepiche, J.-F., 1996. Les grands mammifères pleistocènes de Poitou-Charentes. - Paleo, 8: 109-141.

Turner, A. & Antón, M., 1997. The big cats and their fossil rela-tives.- Columbia University Press, New York: i-xviii, 1-234.

Turner, A. & Antón, M., 2004. Evolving Eden: an illustrated guide to the evolution of the African large-mammal fauna. Columbia University Press, New York: 1-269.

Turner, A & Antón, M., 2004. National Geographic Prehistoric Mammals. - National Geographic Society, Washington, D.C.: 1-192

Van Hooijdonk, C., 1999. De sabeltandtijger Homotherium latidens in Nederland. De vondst van een niet alledaags fossiel. - Grondboor & Hamer, 53 (6): 119-123.

Van Hooijdonk, C., 2002. Il etait une fois.... Il y a pres de 2.000.000 d'annees a Chilhac. - Cranium, 19 (2): 64-68.

Van Hooijdonk, C., 2003. Wetenswaardigheden over Homotherium. Cranium, 20 (2): 23–30.

Van Hooijdonk, C., 2005. Een fossiele lynx van de Noordzeebodem. Grondboor & Hamer, 59 (2): 35-41.

Van Hooijdonk, C., 2006. De Sabeltandkatten Homotherium en Megantereon (Felidae, Carnivora) van de Plio-Pleistocene site van Senèze (Haute Loire, Fr.). - Cranium, 23 (2): 25-38.

Vekua, A., 1995. Die Wirbeltierfauna des Villafranchium von Dmanisi und ihre biostratigraphische Bedeutung. - Jahrbuch des Römisch-Germanischen Zentralmuseum Mainz, 42: 77-180.

Werdelin, L., 2003. Mio-Pliocene Carnivora from Lothagam, Kenya. - In: Leakey, M. G. & Harris, J. M. (eds.) Lothagam: The Dawn of Humanity in Eastern Africa. - Columbia University Press, New York: 261-328.

Werdelin, L. & Sardella, R., 2006. The "Homotherium" from Langebaanweg, South Africa and the origin of Homotherium. Palaeontographica, Abt. A, 277: 123-130.

학명 색인

지은이 소개

딕 몰 Dick Mol

딕 몰(Winterswijk, 1955)은 로테르담자연사박물관에 소속된 화석 포유류 연구원이다. 그는 북해 지역에서 발견된 플라이스토세 포유류에 대한 수집, 분류, 연구 및 논문 발표에 30년 이상을 헌신해 왔으며, 시베리아를 포함한 다른 지역의 화석 연구에도 많은 공헌을 하였다. 시베리아 탐사대의 일원으로서 냉동 건조된 매머드와 기타 포유류의 미라 화석 발굴 및 조사에 여러 번 참여하였으며, 아울러 탐사대를 이끌면서 매머드의 미라를 발굴하기도 하였다. 미라 화석은 피부, 털, 근육 조직, 그리고 내장이나 장기까지 보존되어 있어서 매머드의 생존 당시 모습이나 환경에 대한 중요한 정보들을 얻어낼 수 있었다.

그는 북해 지역의 해저 화석 탐사대를 여러 차례 이끌었으며, 탐사대의 활동상은 TV를 통해 방영되기도 하였다. 또한 세계적으로 주목받는 매머드의 화석이 발견된 곳에서는 언제나 가장 중요한 자문 역할을 맡는 전문가였다. 딕 몰은 디스커버리채널을 통해 방영된 두 편의 다큐멘터리 〈매머드의 발견Raising the Mammoth〉과 〈매머드의 땅Land of the Mammoth〉을 통해 전 세계적으로 널리 알려지게 되었다.

빌리 판 로헴 Wilrie van Logchem

빌리 판 로헴(Culemborg, 1956)은 어려서부터 선사시대의 동물들에 대해 많은 관심이 있었으며, 1995년부터는 플라이스토세 포유류 연구학회의 임원으로 부임하여 많은 활동을 해오고 있다. 그는 멸종 포식자들에 대해 깊은 관심을 가지고 있으며, 또한 검치호랑이에 대한 많은 연구 성과를 이루었다. 특히 현생 고양잇과 동물과의 비교를 통해 검치호랑이의 생태와 습성, 살아있는 모습으로의 복원에 심도있는 연구를 진행해오고 있다.

빌리 판 로헴의 연구 활동은 세계적인 규모의 정보 수집과 학술 교류를 통해 이루어지고 있다. 국제학회에 정기적으로 참석하여 논문을 발표하고 있으며, 그리스 밀리아 지역의 화석 발굴에도 참여하였다. 또한 그는 고양잇과 동물에 대한 방대한 데이터베이스를 구축하고 있다. 지난 20여 년간 현생 및 멸종 고양잇과 동물에 대한 많은 연구를 해오고 있지만, 그에게 검치호랑이는 여전히 매료될 수밖에 없는 대상이다. 28,000년 전 북해 지역에서 호모테리움을 대면한 원시인이 그랬듯이 말이다.

케이스 판 호이동크 Kees van Hooijdonk

케이스 판 호이동크(Roosendaal, 1952)는 주로 멸종 포유류의 화석 수집과 연구에 몰두해 오고 있다. 그는 플라이스토세 포유류의 전문가로, 검치호랑이의 뒤꿈치뼈를 발견한 이후 고양잇과 동물에 매료되었다. 다른 저자들과 마찬가지로 그 역시 아마추어 고생물학자들과 전문가들로 구성된 플라이스토세 포유류 연구학회의 회원으로 활동하고 있다. 아마추어와 전문가 사이의 토론, 그리고 박물관이나 대학교의 화석 표본들에 대한 정보 교환은 고생물학에 대한 관심과 연구를 한층 심도있게 만들어 주었다. 그는 프랑스 오트루아르 세네즈 지역에서 발견된 두 종류의 검치호랑이, 즉 호모테리움(프랑스 리옹대학교 소장)과 메간테레온(스위스 바젤자연사박물관 소장)에 대한 연구를 진행한 바 있다. 또한 2006년에는 세네즈 지역의 화석 발굴에 참여하기도 하였다. 그가 소장한 화석 중 가장 중요한 것은 호모테리움의 화석으로, 희소성뿐만 아니라 해부학적으로도 큰 의미가 있다. 최근 그는 화석 수집에서 연구 쪽으로 점차 관심을 바꾸고 있다.

레미 바커르 Remie Bakker

레미 바커르(Rotterdam, 1967)는 조각가이다. 그는 고생물학자들과 공동으로 진행하는 연구를 통해 매우 현실감 있는 복원 모델들을 만들어 오고 있다. 그가 제작한 털코뿔소의 복원 모델은 현재 테셀 섬에 있는 자연박물관에 전시되어 있다. 그는 피부와 털이 완전하게 보존된 매머드 미라를 확인하려고 러시아의 타이미르 반도를 방문하여, 전시에 사용될 자르코프 매머드의 상아 복원 모델을 제작한 바 있다.

그는 또한 딕 몰과 함께 일본 아이치에서 열린 2005년 EXPO에 전시되었던 매머드 머리 미라를 토대로 매우 현실감 있는 유카기르 매머드의 복원 모델을 만들기도 했다. 이 매머드의 머리 미라는 북시베리아 야쿠티아 지역의 영구동토층에서 발견된 것으로, 당시 유카기르 매머드의 전시관에는 600만 명의 EXPO 관람객이 방문하였다. 레미 바커르는 플라이스토세 포유류와 관련된 일을 하면서부터 매머드 화석을 발견하기 위해 북해 지역 화석 탐사 여행에 정기적으로 참여하고 있다.